PHYSIOLO

DE

L'ABEILLE

SUIVIE DE

L'ART DE SOIGNER ET D'EXPLOITER LES ABEILLES

d'après une méthode simple, facile

et applicable à toutes sortes de ruches

PAR

LE Dr F. MONIN

CORRESPONDANT DE LA SOCIÉTÉ IMPÉRIALE DE MÉDECINE
MEMBRE DE LA SOCIÉTÉ IMPÉRIALE D'HORTICULTURE PRATIQUE
DU RHÔNE

Un jardin, une source, un petit bois, un foyer tiède,
un toit qui te cache........ un ami qui te lise!

HORACE.

PARIS

J.-B. BAILLIÈRE et Fils, rue Hautefeuille, 19
Libraires de l'Académie impériale de médecine

—

LYON

MÉGRET | Ch. MÉRA
QUAI DE L'HÔPITAL, 51 | RUE IMPÉRIALE, 15

1866

PHYSIOLOGIE

DE

L'ABEILLE

SUIVIE DE

L'ART DE SOIGNER ET D'EXPLOITER LES ABEILLES

d'après une méthode simple, facile

et applicable à toutes sortes de ruches

PAR

LE Dr F. MONIN

CORRESPONDANT DE LA SOCIÉTÉ IMPÉRIALE DE MÉDECINE
MEMBRE DE LA SOCIÉTÉ IMPÉRIALE D'HORTICULTURE PRATIQUE
DU RHÔNE

Un jardin, une source, un petit bois, un foyer tiede,
un toit qui te cache........ un ami qui te lise!

HORACE.

PARIS

J.-B. BAILLIÈRE ET FILS, RUE HAUTEFEUILLE, 19
Libraires de l'Académie impériale de médecine

—

LYON

| MÉGRET | CH. MÉRA |
| QUAI DE L'HÔPITAL, 51 | RUE IMPÉRIALE, 15 |

1866

AVANT-PROPOS

En ajoutant un livre de plus à ceux déjà si nombreux qui ont été écrits sur les abeilles, ce n'est pas,
comme les auteurs ont coutume de le dire, que j'aie la
prétention de remplir une lacune laissée par d'autres
avant moi. Mais il m'a semblé que, parmi ceux qui ont
traité cette matière, les uns, l'envisageant exclusivement au point de vue scientifique, avaient consigné
leurs observations dans des ouvrages trop volumineux
pour être à la portée de tous les lecteurs; et que les
autres. préoccupés uniquement de la question utili-
taire, avaient involontairement répandu sur ce sujet.
par lui-même si intéressant, une aridité et une mono-
tonie qui nuisaient au succès de l'œuvre qu'ils avaient
la prétention de populariser. J'ai voulu tenter à mon

tour de concilier ces deux extrêmes. et donner, s'il était possible, un peu d'attrait à la partie économique de la science, en y introduisant de la variété, et lui communiquer un peu de vie à l'aide de quelques digressions inspirées par le sujet même. J'ai cru devoir y joindre une Notice bibliographique, rappelant dans un cadre restreint les nombreux travaux qui ont été entrepris à l'occasion des abeilles, afin que, si je n'ai pu réussir a intéresser le lecteur. je puisse au moins lui servir d'intermédiaire pour faciliter ses recherches et le mettre à même de compléter ses études sur cette partie si intéressante de l'histoire naturelle. L'accueil que le public fera à mon livre prouvera si j'ai atteint ce but. En tous cas, si je dois renoncer à l'illusion de plaire tout en étant utile, en m'obligeant à reconnaître mon peu de valeur, ce travail, agréable passe-temps de mes heures de loisir, n'aura pas été tout à fait perdu.

INTRODUCTION

    DELILLE, *Georg.*, l. IV.

Vous souvient-il, ami lecteur, de ce curieux chapitre de Bernardin de Saint-Pierre, où ce peintre à la palette si chaudement colorée, s'essayant à l'étude des grandes harmonies de la nature par l'ébauche de l'histoire naturelle du fraisier semé par l'haleine des vents sur la fenêtre de sa mansarde, finit par avouer si ingénuement son impuissance, en voyant son sujet grandir et s'étendre indéfiniment devant lui? Et pourtant quel soin minutieux ne met-il pas à en décrire le port et les habitudes, ainsi que ses rapports avec les lieux, les saisons, les climats et les nombreux habitants, hôtes d'un jour ou parasites à demeure, qui en font, les uns leur résidence habituelle, les autres le théâtre passager de leurs jeux et de leurs amours ! Ah ! c'est qu'il est difficile, en effet, d'embrasser d'un seul coup-d'œil, et de retracer dans leur ensemble, les lois qui régissent les individualités dans cette série continue de modifications qui constituent la vie elle-même.

Eh bien! pareille chose m'est arrivée en voulant coordonner pour mon usage, les préceptes épars dans les nombreux ouvrages écrits à diverses époques sur les abeilles.

Depuis Varron, Columelle et Virgile jusqu'à l'illustre Réaumur et toute la pléiade de nos apiculteurs modernes, systèmes, théories, construction de ruches et de ruchers, tout a été tour à tour essayé, prôné d'abord jusqu'à l'engouement, puis de rechef abandonné pour d'autres errements qui ne valaient guère mieux ; car c'est surtout en apiculture que l'on peut dire avec le poète :

Multa renascentur quæ jam cecidere
Cadentque....

. . . . . . Et moi-même
Qui fais ici cette moralité,

j'ai, pour ma part, il faut bien l'avouer, subi toutes les péripéties de l'inventeur. Comme tant d'autres, j'ai fait, défait, refait, et au fur et à mesure que je voyais s'étendre le champ de mes études apicoles, j'ai reconnu que plus d'un expérimentateur avait passé avant moi par les mêmes phases et éprouvé les mêmes succès suivis également des mêmes revers. Il en sera malheureusement toujours ainsi pour la plupart des connaissances humaines , l'esprit de l'homme étant naturellement borné, et à ce titre, fatalement condamné à se mouvoir éternellement dans le même cercle. « *Il n'y a de nouveau que ce qui a vieilli*, a dit excellemment Sainte-Beuve, *et on ne découvre bien souvent que ce qui a été lu et oublié* ; » mais lors même que tout aurait été dit par les anciens, il y aura toujours cette nouveauté, à savoir l'application, l'usage habile et la combinaison de ce que les autres ont trouvé ; et ainsi l'homme, moitié de bon gré, moitié à son corps défendant, tire de lui-même tout l'art, toute l'industrie dont il est capable , et le peu d'or qu'il doit à tous.

Sachez-moi donc gré de vous épargner ce travail de Sisyphe, en vous offrant ce petit traité propre à vous éviter des tâtonnements inévitables à vos débuts. Je me suis étudié à le rendre aussi clair et aussi succinct qu'il m'a été possible. Puissiez-vous trouver en le lisant, autant de plaisir que j'en ai eu à l'écrire ? (1) C'est le propre des choses que l'on aime — *linimen dulce laborum* — de nous passionner aisément pour notre œuvre. Ici, plus qu'ailleurs peut-être, le terrain est glissant, je vous en avertis ; si vous avez mis une fois le pied dans

----

(1) *Mihi quidem ita jucunda hujus libri confectio fuit, ut non modò omnes obterserit senectutis molestias, sed effecerit mollem etiam et jucundam senectutem.* — Cic. *De senectute.*

le champ de l'expérimentation, cédant à l'attraction passionnelle, vous vous trouverez bientôt pris, sans vous en douter, à l'engrenage, et appelé malgré vous à grossir la phalange des apiphyles, apiculteurs ou apimanes, comme il vous plaira de les appeler, — manie du reste tout aussi excusable que celle des antiquaires et des numismates, — ne sommes-nous pas tous un peu d'Athènes en ce point? et, comme le dit dans son piquant et naïf langage, le sceptique Montaigne : « Tel qui, écrivant sa vie, en ôterait tout ce qui n'est pas ordonné selon la raison, celui-là en retrancherait plus de moitié. »

Du reste, en vous engageant à étudier et à soigner les abeilles, et en vous promettant de cette étude et de ces soins autant de plaisir au moins que de profit, je n'ai point la prétention de faire couler chez vous le Pactole lui-même, roulant l'or dans des flots de miel (1). Je viens tout simplement exposer aux apiculteurs novices, et offrir à la sanction des praticiens, une méthode conciliant à la fois la commodité et le profit de l'expérimentateur avec le bien-être et la prospérité de ces intéressants insectes, objet de sa sollicitude.

La méthode, sinon nouvelle, du moins simple et facile, dont je me ferai ici le défenseur convaincu,

____

(1) **Roux.** *La Fortune des campagnes.* — Lyon, Vingtrinier, **1856.**

est le fruit d'une expérience laborieusement ac-
quise ; rien n'y est livré aux hasards d'une théorie
aventureuse ; rien de vague et d'indéterminé ; tout a
été calculé avec la plus rigoureuse précision, après
de nombreux essais contradictoires ; et, si l'on a
pu dire avec raison que la simplicité était la pierre
de touche d'une méthode naturelle, j'ose préten-
dre avoir au moins rempli cette condition. Ce que
je n'ai pu expérimenter moi-même a été emprunté
à des expérimentateurs émérites dont la véracité
ne saurait faire l'objet d'un doute. Usant librement
de mon privilége de postérité (1), je me suis cru
en droit de puiser en passant à toutes les sources
et de prendre sans façon à mes devanciers ce que
je trouvais le plus à ma convenance. Imitant en
cela les industrieux insectes dont je me complais
à décrire les mœurs et les travaux, j'ai cueilli mon
miel à toutes les fleurs, et fait en passant ma gerbe
de tous les épis épars dans le champ de mes riches
voisins. C'est pour nous qu'ils ont travaillé, usons-
en comme de biens laissés par un bon père de famille en accroissant ce que nous avons reçu (2).

---

(1) La postérité, cette suprème indifférente, profite de
tout ce qu'elle trouve à sa convenance en chacun,
trop heureux ceux en qui elle trouve quelque chose.
(Sainte-Beuve, *Caus. lundi*, tome xi).

(2) *Nos quoque has apes debemus imitari et quæqumque
ex diversa lectione congessimus, in unum saporem varia
illa libamenta confundere.* — Senec. epist. 84.

Parmi ces derniers, c'est pour moi acquitter une vraie dette de reconnaissance que de citer en première ligne M. de Frarière (1), à l'excellent compendium duquel, soit dit en passant, plus d'un auteur de procédés nouveaux n'a pas craint d'emprunter le fond, et souvent même la forme, sans prendre la peine de déguiser son plagiat. Son ouvrage, après les mémoires si remarquables de Réaumur (2) et l'œuvre de son spirituel commentateur Bazin (3), m'a paru un des plus pratiques et des mieux faits.

> *Neque ego illi detrahere ausim*
> *Hærentem capiti multa cum laude coronam*
>
> Hor. *Serm.* l. i, s. 10

C'est précisément parce qu'elle n'est pas exclusive que je ne crains pas d'offrir ma méthode comme réunissant toutes les conditions exigées pour la culture raisonnée ou, pour m'exprimer plus correctement, l'exploitation des abeilles ; ajoutez encore cette commodité précieuse pour l'expérimentateur comme pour le vulgaire exploitant, que, s'appliquant en même temps aux ruches

(1) *Les Abeilles et l'Apiculture.* — Paris, Hachette, 1855.

(2) *Mémoires pour servir à l'histoire des insectes.* — Acad. t. v, 1734.

(3) *Hist. nat. des abeilles.* — Paris, Guerin, 1744.

le plus communément en usage, elle peut immédiatement être employée par tout le monde , pour
ainsi dire sans transition, presque sans dépenses,
et, ce qui n'est pas le moins précieux, sans dérangement pour les abeilles.

Aussi c'est surtout à vous que je la recommande
en toute confiance, mes modestes et infatigables
confrères de la campagne; à vous aussi, bons et vé-
nérés pasteurs, qui avez reçu l'humble mission de
répandre, avec l'Evangile, les bienfaits de la civilisation et l'influence de vos bons exemples dans
nos bourgades les plus reculées; et à vous tous
amants des loisirs occupés, qui n'êtes jamais moins
seuls que dans vos heures de solitude (1). Au
milieu même du village où s'élève, comme un
asile de paix, votre toit hospitalier, dans le clos
exigu qui l'entoure, dans votre tout petit jardin
même,

> *Modus agri non ita magnus; Hortus ubi.*
> (Hor.)

il ne tient qu'à vous d'augmenter, avec votre bien-
être, la somme de vos innocents plaisirs, et, pour
prix de quelques soins donnés à vos abeilles à vos
moments perdus, à l'instar de ce sage et fortuné

(1) *Solebat dicere Sc. Africanus, numquam se minùs
oliosum esse, quam cum oliosus esset.* (Cic. *De off.*)

vieillard immortalisé par Virgile (1), d'orner à l'occasion votre table frugale d'un mets exquis et salutaire que ma méthode vous permet d'improviser comme à souhait (2). Il vous aura suffi d'un coin perdu de votre jardin et de l'industrie de quelques mouches pour faire revivre chez vous

> « Ces biens de l'âge d'or, dont l'image chérie
> « Plaît tant à notre enfance, âge d'or de la vie. »

Et pendant que nous sommes sur ce sujet, laissez-moi vous raconter une petite anecdote qui me semble propre à vous donner une idée de tout le profit qu'on peut retirer des abeilles. D'ailleurs,

> Est-il un soin plus doux ? calme, mais occupé,
> C'est là qu'en ses loisirs le sage est peu trompé.
> (Delille. *L'homme des champs*).

L'évêque d'un de nos plus pauvres diocèses de France, visitait en tournée pastorale le district montagneux de son évêché. Déjà dans plus d'une

---

(1) *Atque ego memini OEbalix sub mœnibus arcis*
Corycium vidisse senem cui pauca relicti
Jugera ruris erant.....
Ergo apibus fœtis atque examine multo
Primus abundare.....

(2) *Et dapibus mensam onerabat inemptis.* (Georg. lib. iv.)

cure surprise à l'improviste il avait pu se faire une idée de ce que le poète appelle : *res angusta domi*, en dînant de la galette de blé noir flanquée par ci par là de la poule traditionnelle des grands jours ; lorsqu'enfin il aborde avec peine une paroisse isolée et qui lui semble pauvre entre les plus pauvres ;

Nec fertilis illa juvencis
Nec pecori opportuna seges, nec commoda Baccho.

L'église visitée, Monseigneur s'achemine vers le presbytère, que distinguait un air d'aisance et presque de luxe contrastant péniblement avec les misérables chaumières éparses à l'entour. Sa surprise redouble en voyant, dans une grande pièce toute pavoisée de feuillages et de fleurs, une table somptueusement servie. Ce contraste, cet étalage déplacé, narguant presque la misère environnante, agissent désagréablement sur la fibre éminemment chrétienne du bon évêque. Toutes les prévenances de son amphytrion et de son entourage le laissent froid et presque maussade. Enfin, l'arrivée d'un dessert exubérant met le feu aux poudres. Monseigneur n'y tenant plus, interpelle brusquement le pauvre curé qui s'évertuait de son mieux pour fêter son hôte, sans se douter, hélas ! de l'orage qui grondait sur sa tête et laissant déborder le feu de son indignation il lui reproche, en termes un peu plus que vifs , l'indélicatesse d'oser ainsi étaler un luxe révoltant au milieu de la misère qui l'entoure.

Monseigneur, lui répond humblement le curé sans se troubler en aucune façon, il est vrai que le faible revenu de mon presbytère serait loin par lui-même de pouvoir subvenir aux frais de réception de Votre Eminence que j'avais cru ne pouvoir trop fêter à mon gré ; mais je suis heureux de vous apprendre qu'en dépit de ma pauvreté apparente, j'ai des ressources qui me permettent de vous recevoir dignement chaque année, si Votre Grandeur daignait me visiter plus souvent. J'ai des filles qui travaillent de cœur et d'âme pour me fournir ce superflu et, bon an mal an, grâces à elles, Monseigneur, mon casuel peut bien s'accroître ainsi d'une quinzaine de cents francs. — Egoïste, homme sans entrailles ! pensait tout bas le bon évêque, assurément me voici devant un de ces frelons gourmands qui ne craignent pas de s'approprier le fruit des sueurs de quelques pauvres et saintes filles et d'alimenter son luxe de leurs privations ; mais attendons, rira bien qui rira le dernier. Et déjà l'évêque se levant de table avec humeur donnait des ordres pour un brusque départ, lorsque le curé :— «Avant de partir, Monseigneur voudrait-il faire une petite visite à mes filles? — Soit, dit l'évêque, d'un ton sec. — On passe au jardin et, après quelques pas silencieux, le curé conduit son supérieur vers un petit appentis rustique sous lequel étaient groupées des ruches de toutes formes. Tout ce petit peuple ailé, sous la pression d'un soleil ardent, s'agitait et bourdonnait à qui mieux mieux. L'évêque tout à cette contemplation nouvelle pour lui, regardait, admirait, et ne disait mot. — Eh bien ! Monseigneur, mes filles, les voici ! Ce sont elles qui m'enrichissent sans qu'il en coûte rien à personne, et qui m'ont procuré aujourd'hui le plaisir de recevoir dignement Votre Grandeur, jugez si je dois les aimer ! Vous voyez qu'elles aussi sont reconnaissantes, et qu'elles paient largement mes soins. — Ah ! dit l'évêque en l'embrassant, soyez mille fois béni, cher curé, vous m'ôtez un grand poids de dessus le cœur. J'ai été trop prompt, je vous ai mal jugé, excusez-moi. — N'en parlons plus, Monseigneur. — Non, nous en parlerons au contraire, et souvent, répondit le bon évêque attendri en serrant cordialement la main de l'heureux spéculateur. — Et à tous ceux de ses prêtres qui venaient se plaindre à lui de l'exiguité de leurs ressources, le bon évêque répondait invariablement : « *Ayez des ruches ! Messieurs, ayez des ruches ! Allez voir le curé de ***, faites comme lui, ayez des ruches !* »

A mon tour maintenant de m'excuser en finissant cette trop longue préface, lecteur indulgent, serez-vous assez bon pour me pardonner dans ce qui va suivre mes trop nombreuses citations ?

Extremum, Arethusa, mihi concede laborem !

des comparaisons souvent risquées, un ton parfois trop épique, tout cela ne vous paraîtra-t-il pas bien prétentieux pour un sujet si modeste ?

Eh bien ! que celui d'entre vous qui sera sans péché, de ce côté, me jette la première pierre. Il est si difficile, une fois lancé, de s'arrêter sur cette pente ! Une citation faite à propos a été toujours pour moi comme la rencontre heureuse et fortuite d'une vieille connaissance ; quelque chose comme la douce étreinte d'une main amie, ou le suave baiser d'un enfant adoré,

At sermo lingua concinnus utraque
Suavior, ut Chio nota si commixta Falerni est (1).

Avant tous, si Virgile se trouve si souvent au bout de ma plume, c'est que le prince des poëtes est aussi tout à la fois l'oracle des agriculteurs : « *Verissimo vati velut oraculo crediderimus,* » a dit Columelle en parlant de lui.

Et qui pourrait écrire sur les abeilles sans voir se dresser devant lui la grande ombre de Virgile, leur si séduisant historiographe ? Soit qu'il se complaise à décrire l'étonnante industrie de ces ouvrières merveilleuses, leurs tendres soins pour *leurs*

(1) Hor. Sat. x, lib. i.

petits (1) ou leur amour pour *leurs rois* (2) ; soit qu'il nous peigne en quelques vers pleins de mélancolie la douleur du berger Aristée, *amissis apibus, tristis, fugiens Peneïa Tempe :* On voit que le cygne harmonieux de Mantoue a traité ce sujet avec tout le soin d'un tendre amour et que c'est bien toute justice qu'un apiculteur inscrive son nom en tête de son œuvre.

Tale tuum carmen nobis, divine poeta,
Quale sapor fessis in gramine, quale per œstum
Dulcis aquœ salientis sitim restinguere rivo (3).

J'aurais bien aussi à répondre au reproche de n'avoir pas toujours fait suivre le texte latin de sa traduction littérale ; mais, outre que le sens en est assez indiqué dans le corps du discours, il m'a paru, qu'indifférentes à ceux qui ne sont pas aptes à goûter les beautés de cette langue *mellifluente,* ces citations, ainsi que cela arrive pour certaines eaux minérales, n'avaient de prix que pour ceux qui peuvent les goûter à leur source.

(1)   *..... Hinc nescio quâ dulcedine lœtœ*
      Progeniem nidosque fovent.
GEORG. IV.

(2)   *Prœterea regem non sic Ægyptus, et ingens*
      Lydia, nec populi Parthorum, aut Medus hydaspes,
      Observant.....
GEORG., IV.

(3) *Eglog.* v.

Et maintenant lecteur, avant de vous quitter, *quid dicam aut quid omninò non dicam* (1) ? si ce n'est que j'ai voulu vous offrir, sous un format commode, un compagnon de plus pour vos promenades solitaires (2), un de ces petits livres sans prétention qu'on emporte avec soi (3), qui ne tiennent pas de place, et qu'on lit à son heure. Heureux par dessus tout, si, en rentrant au logis, en récompense de ce qu'il aura un instant charmé votre ennui, votre main amie lui fait l'insigne honneur de le déposer sur la planchette privilégiée où reposent les livres feuilletés tous les jours, non pour ce qu'ils valent souvent par eux-mêmes, mais par l'attrait du sujet et les idées qu'ils font germer en nous.

> *Iterum quœ digna legi sint*
> *Scripturus, neque te ut miretur turba labores*
> *Contentus paucis lectoribus.* HOR. Sat. XLI.

Mornant-Lyon, novembre 1865.

(1) SUETON. *in Tib. vita.*

(1) *Nobiscum peregrinantur, rusticantur.* — CIC.

(2) « Je ne voyage sans livre ny en paix ny en guerre. C'est la meilleure munition que j'aye trouvé en cet humain voyage et plains extrêmement ceux qui l'ont à dire. » — MONTAIGNE, lib. III, chap. III.

CHAPITRE PREMIER

PSYCHOLOGIE DE L'ABEILLE

Horatio, il y a au ciel et sur la terre beaucoup
de choses que n'a jamais soupçonnées votre
philosophie. ·
SHAKESPEARE (*Hamlet*).

S I quelqu'un venait vous dire qu'il existe, dès la
plus haute antiquité, et sans qu'aucune des
révolutions qui ont tant de fois changé la face de
ce globe en ait jamais dérangé l'économie sociale,
un petit peuple où chaque membre ne semble
animé que de l'amour du bien général ; où tout est
constamment ordonné et distribué, comme de soi-
même, avec un ordre, une prévoyance et une entente admirables ; où chacun professe pour la personne du souverain, non-seulement le dévouement
le plus complet, mais encore semble attentif à prévenir le moindre de ses désirs ; où chaque membre
porte le renoncement de soi-même et le dévouement jusqu'à offrir, sans hésiter, sa vie pour la défense de la patrie commune ; où un communisme,

plus brutal encore que celui donné par Lycurgue à
Lacédémone, ou par Cabet à ses énergumènes, se
pratique avec la dernière rigueur (1) ; où enfin, en
l'absence de tout égoïsme individuel ou de famille, on voit régner la plus grande ardeur pour
le travail et une assiduité de tous les instants ; et
où, pour dernière surprise, les architectes semblent
avoir résolu le problème de la plus stricte économie, unie à la plus élégante architecture et à la
géométrie la plus exacte dans la distribution des
édifices, tant publics que particuliers. Si quelqu'un, dis-je, semblait reprendre pour vous un de
ces contes de la bonne sultane Schéérézade, interrompus depuis tantôt cent ans, assurément
vous vous frotteriez les yeux pour bien vous convaincre que vous n'êtes pas le jouet d'un rêve, ou
bien vous croiriez entendre la lecture d'un chapitre de l'utopie de Th. Morus, ou l'élégant copiste
du divin Homère, le bon et vertueux archevêque
de Cambrai.

Eh bien ! non, cette cité féerique, ce parangon
des gouvernements passés, présents et futurs, il
est là, à votre porte ; deux pas à peine vous en sé-

______

(1) ..... *Solæ communes natos, consortia tecta*
   Urbis habent, magnisque agitant sub legibus ævum.

GEORG., l. IV.

Chez elles les sujets unissent leur fortune ;
   Les enfants sont communs, les richesses communes.

DELILLE, *ibid.*

parent... Entendez-vous non loin de ce tronc d'arbre, ce bourdonnement, cette agitation? tout un essaim de petits citoyens ailés se meut avec empressement et semble avoir quelque occupation pressante. Arrêtez-vous, et examinez avec attention leurs mouvements en apparence confus : là sont des gardes veillant avec sollicitude à l'entrée de la commune demeure (1). La nuit comme le jour on voit ces petits êtres inquiets, attentifs au moindre mouvement, à la plus légère agitation, toujours prêts à s'élancer sur l'ennemi assez audacieux pour venir les troubler dans leurs occupations. Tels, aux portes de nos villes, vous voyez les préposés aux barrières, aller, venir, ne laissant passer aucune voiture, aucun individu sans qu'il n'ait subi de leur part un examen tout particulier. Ici, même examen, et plus rigoureux encore, car il y va de la vie pour les délinquants ; avec cette différence, toutefois que les gardes laissent le passage libre aux individus chargés, tandis que ceux qui ne portent rien ne peuvent entrer qu'après avoir échangé le mot de passe et dûment justifié de l'identité de leur personne et de leur nationalité.

Mais ne vous arrêtez pas à ces bagatelles de la porte, essayez, à l'aide des procédés que l'art vous enseignera, de plonger vos regards dans l'intérieur.

---

(1)　*Sunt quibus ad portas cecidit custodia sorti....*
　　　Aut onera accipiunt venientium...
　　　Fervet opus...

Ce que vous allez voir, c'est une ville entière, quelque chose de complet et d'isolé ; une ville antique avec ses rues étroites, ses couloirs, ses substructions, ses carrefours et ses palais.

Apparet domus intus et atria longa palescunt.

Ainsi, après dix-huit siècles d'oubli, apparut aux yeux de la postérité ravie la ville fossile de Pompéi, embaumée, comme une précieuse momie, dans la lave et les scories du Vésuve. Là, pour qui sait voir et observer, chaque recoin est une surprise, une découverte ou une confidence obtenue sur la vie publique ou les actes privés d'un peuple. Mais ici, mieux que dans la cité endormie dans le sommeil du sépulcre,

« Tout vit, tout est peuplé dans ces murs, sous ces toits. »

Parmi tous ces petits personnages que vous surprenez dans la ferveur de leurs occupations domestiques, les uns partent pour aller au loin fourrager dans la prairie :

Per le cime de' pini e degli allori,
Degli alti faggi e degli irsuti abeti,
Volan scherzando...

tandis que d'autres, au contraire, en reviennent succombant presque sous le poids des richesses

laborieusement amassées. Celles-ci, semblables
à des servants zélés qui se précipitent sur les ba-
gages des voyageurs, s'empressent au-devant des
butineuses pour leur aider à se débarrasser de leur
précieux fardeau ; d'autres emmagasinent les provisions, pressant et entassant avec soin le pollen
symétriquement rangé dans les cases qui lui sont
destinées, comme le biscuit du navigateur, précieuse assurance contre la disette dans ses courses
aventureuses et les relâches amenées par les mauvais temps.

Quando in mar dubsioso, sotto ignoto polo.
Trovan l'onde fallace e'l vento infido.

METAST.

Il en est à qui sont dévolues d'autres fonctions et
qui reviennent nanties des matières propres à la
construction ou à la consolidation des édifices publics. Toutes s'empressent à leur arrivée ; en un instant elles sont débarrassées de leur précieuse récolte
qui est transmise de main en main à celles qui
vaquent laborieusement à ce travail au quel est
intéressée toute la communauté (1).

Place aux sœurs préposées à la crèche ! en voici

(1)   *Prima favis ponunt fundamenta...*
      Excutant ceras et mella tenacia fingunt.

dont la principale fonction est d'élever les jeunes abeilles, espoir futur de la patrie (1). Ce ne sont pourtant ici que de simples nourrices privées de ce sentiment exubérant qui anime et transporte une mère; rien cependant n'égale leur tendre attachement pour les nourrissons, objet incessant de leurs soins.

C'est un spectacle vraiment intéressant, de voir l'abeille nourricière, aller sans cesse d'une cellule à l'autre, déposant ici une espèce de bouillie ou gelée transparente destinée à servir de nourriture à l'insecte qui est sur le point d'éclore; là, recouvrant d'une lame de cire, le berceau d'une larve occupée à préparer sa transformation définitive qui, d'un humble ver rampant péniblement au fond de son étroite cellule, va faire un sémillant insecte. Ou bien vous la voyez aidant cette dernière à se dépouiller de son linceuil sépulcral; puis elle la lèche avec sa langue, la brosse et la décide à s'élancer alerte et joyeuse dans les airs.

Obligé de défendre son nectar précieux, objet d'envie pour de nombreux ennemis moins industrieux et moins prévoyants, chacun ici, sans se laisser distraire en rien de ses occupations habituelles, porte avec soi l'arme qui lui a été donnée

(1)	*Aliæ spem gentis, adultos*
	Educunt fœtus.

dans ce but par la prévoyante nature. Comme ces colons, toujours armés et prêts au combat, il nous rappelle assez fidèlement les juifs, au patriotisme si vivace, relevant les murailles de Jérusalem, la truelle d'une main et l'épée de l'autre (1).

Maintenant, si de l'ensemble vous descendez aux individus, que de mouvements divers, que de ressorts, que de forces, que d'effets curieux d'une dynamique admirable par sa précision renfermée dans ces petits êtres ! que de rapports savants, d'harmonie, d'ensemble disséminés entre toutes ces parties ! quelle justesse, quelle proportion, quelle symétrie dans ces petits corps, en apparence si peu remarquables ! Comment ne pas s'extasier en retrouvant jusque dans ces infiniments petits le doigt du créateur des mondes ; et l'observateur courbé sur cet étonnant microcosme, ne peut-il s'écrier aussi bien que l'astronome suivant dans les cieux les orbes immenses des sphères planétaires : *Apes quoque enarrant gloriam Dei !.....*

Jaloux toutefois d'étendre à d'aussi faibles êtres, une portion de la raison dont l'homme dans sa présomption prétend s'arroger le monopole, des philosophes sceptiques ont voulu renfermer dans les bornes d'un aveugle instinct, une série d'actes

---

(1) *Ædificantium in muro et portantium onera, una manu sua faciebat opus, et altera tenebat gladium.*
ESDRÆ, II, C. IV, 17.

aussi évidemment rationnels. Mais, au fond, quelle réponse satisfaisante peuvent-ils opposer à des faits patents et irrécusables qui dénotent à n'en pas douter, pour tout observateur de bonne foi, un raisonnement et un esprit de suite que l'on ne peut s'empêcher d'assimiler,

Non aliter si parva valent componere magnis,

qu'aux actes d'une assemblée délibérante, et dans quelque cas à la tenue d'un vrai conseil de guerre?

Tous ceux qui ont pris plaisir à étudier les moyens et les procédés variés employés à l'occasion par ces intéressants insectes (véritable copie réduite, dans laquelle l'homme, en tant qu'animal raisonnant ses instincts physiques, semble en quelque sorte se refléter), en ont été véritablement étonnés et quelques-uns transportés jusqu'à l'enthousiasme. « L'abeille, s'écriait dans son ravissement le savant naturaliste Latreille, *l'abeille est le chef-d'œuvre du Tout-Puissant.* » On composerait tout un livre des intéressantes remarques dont elles ont été l'objet de la part des nombreux observateurs qui ont consacré une partie de leur vie à étudier ce merveilleux petit coin de notre univers. Embarassés sur le choix, nous nous bornerons, pour en donner une idée à nos lecteurs, à quelques faits irrécusables, tous parfaitement constatés et puisés à bonne source.

M. de Crèvecœur, cultivateur américain, auteur

d'un livre fort remarquable sur l'établissement des premiers colons dans le Nouveau - Monde, raconte qu'un jour, faisant sa ronde habituelle autour du rucher objet de ses soins de prédilection, il s'aperçut que ses abeilles en grand émoi s'agitaient comme dans les grands dangers ou à l'approche d'une grande détermination. S'ingéniant à en connaître la cause, il ne tarda pas à découvrir que tous ces troubles venaient de l'établissement, sur les arbres voisins, de quelques oiseaux nommés en Amérique abeillers ou guêpiers, qui pourchassaient ses abeilles et en faisaient chère-lie tout à leur aise. Il en était à réfléchir au moyen qu'il pourrait mettre en usage pour déloger ces audacieux ennemis, lorsqu'il entendit autour de ses ruches, un bourdonnement confus, d'un genre tout particulier. Il pensait en lui-même que les abeilles se disposaient, de guerre lasse, à fuir leur demeure, car ce n'était plus la saison des essaims ; mais il comprit bientôt le but de tout ce bruit.

Probablement quelques-unes d'entr'elles, échappées au bec des larrons, étaient venues sonner l'alarme et proclamer *la patrie en danger*, car le nombre des abeilles sortant des ruches, devenait de moment en moment plus considérable. Elles se dirigèrent enfin toutes ensemble et s'élancèrent du côté où se tenaient les oiseaux de proie. Cette attaque tumultueuse ne produisit pas l'effet désiré. Leurs ennemis lâchèrent prise, il est vrai, mais non sans avoir décimé les rangs des courageuses assaillantes.

> *Plurima perque vias sternuntur inertia passim*
> *Corpora.* ENEID., l. II.

Celles-ci voyant l'inutilité de leur entreprise, battirent prudemment en retraite et nos *condottieri* reprirent effrontément possession du champ de bataille.

Cependant au dedans des ruches se faisait entendre un tapage insolite plus considérable encore que la première fois. L'armée vaincue, mais non découragée, changeait sa tactique, rappelait ses réserves et, convoquant le ban et l'arrière-ban, elle préparait un retour offensif. Ces dispositions une fois arrêtées, obéissant comme *un seul homme* à l'ordre d'un stratégiste habile, il les vit, non sans surprise, grouppées en une masse compacte, s'élancer avec une vraie *furia francese*, sous la forme et avec la vitesse d'un boulet de canon, sur l'ennemi étonné qui, surpris, épouvanté, s'enfuit cette fois au loin à tire d'aile. Ce fait d'arme accompli, il vit les abeilles victorieuses se séparer, rentrer chacune en sa ruche et, comme autant de modernes Cincinnatus, reprendre tranquillement les travaux interrompus. Ne vous semble-t-il pas lire ici un chapitre de l'histoire de ces petites républiques grecques, se levant en masse pour résister à

leurs oppresseurs et quelque chose de la tactique
des Miltiade et des Thémistocle triomphant de la
puissance du grand Roi?

Et, puisque nous en sommes à constater cette
tactique militaire chez nos abeilles, plus habiles en
ce point que certains peuples primitifs et même
que certaines nations de nos jours, voici un autre
fait du même genre qui prouvera avec quel art elles
savent à l'occasion varier leur attaque ou modifier
leurs moyens de défense suivant l'ennemi auquel
elles ont affaire. Nous les retrouvons ici non moins
habiles dans cette partie de la stratégie qui concerne
la défense des places que dans celle qui règle la
manière la plus convenable de combattre en rase
campagne. Après avoir constaté chez nos abeilles
des Miltiade et des Epaminondas, n'est-il pas extraordinaire d'y retrouver des Archimède et des Vauban ?

Ce trait si honorable pour l'*arme du génie* de nos
petites citoyennes est rapporté par Huber, observateur aussi habile que consciencieux, auquel je
vais laisser la parole :

« Vers la fin de l'été, lorsque les abeilles ont emmagasiné une partie de leur récolte et que les magasins regorgeant, elles sont obligées de le déposer
dans les cellules du bas, on entend quelquefois
auprès des ruches un bruit étonnant. Une multitude d'ouvrières sortent pendant la nuit et s'échap-
pent dans les airs. Le tumulte dure souvent plu-

sieurs heures, et le lendemain on voit beaucoup d'abeilles mortes devant la ruche. Le plus souvent celle-ci ne renferme plus de miel, et quelquefois elle est déserte.

« Ayant mis mes gens en embuscade, pour en découvrir la cause, ils m'apportèrent bientôt de grands papillons de nuit, connus sous le nom de tête-de-mort. Ces sphinx voltigeaient en grand nombre autour des ruches.

« De toutes parts on m'apprenait que de semblables dégâts avaient été commis par les sphinx. Comme leurs entreprises devenaient de jour en jour plus funestes aux abeilles, on imagina pour les en garantir de rétrécir les portes de la ruche, afin que l'ennemi ne pût s'y introduire. Ce procédé eut un succès complet ; le calme se rétablit et les dégâts cessèrent.

« Les mêmes précautions n'avaient pas été prises en tous lieux : mais nous nous apperçûmes que les abeilles, livrées à elles-mêmes, avaient pourvu à leur propre sûreté, elles s'étaient barricadées, sans le secours de personne au moyen d'un mélange de cire et de propolis dont elles avaient formé un mur épais à l'entrée de leur ruche. Ce mur s'élevait immédiatement derrière la porte et quelque fois les constructions avaient lieu dans la porte elle-même qu'elles obstruaient entièrement ; mais le mur, dans ce cas, était percé à jour de quelques ouvertures suffisantes pour le passage des abeilles.

« Les ouvrages qu'elles avaient établis étaient d'une forme variée ; là, comme je viens de le dire, on voyait un seul mur, dont les ouvertures étaient à arcades et disposées dans le haut de la maçonnerie ; ailleurs plusieurs cloisons, les unes derrière les autres, rappelaient les bastions de nos citadelles. Des portes masquées par des murs antérieurs s'ouvraient sur les faces de ceux du second rang et ne correspondant point avec les murs du premier. Quelquefois c'était une suite d'arcades croisées, qui laissaient une libre issue aux abeilles, sans permettre l'introduction de leurs ennemis ; car les fortifications étaient massives ; la matière en étaitcompacte et solide. Point de cette uniformité qui dénote l'assujettissement à un aveugle instinct ; mais une variété dans les moyens qui indiquait, à n'en pas douter, un esprit de suite et une spontanéité dans les actes perpétrés (du Vauban renforcé d'un Tottlebenn !...) Ne vous semble-t-il pas lire un épisode du siége de Sébastopol ? le *grand redan*, le *mamelon vert*, etc., etc.

« Les portes pratiquées cette année-là furent démolies au printemps suivant. Les sphinx ne parurent point cette année, ni la suivante. Mais dans l'automne de 1807, ils se montrèrent en grand nombre. Aussitôt les abeilles se barricadèrent et prévinrent le désastre dont elles étaient menacées (1).

(1) Les abeilles ne sont pas les seuls insectes chez les-

« En disséquant un grand sphinx pris en plein air, nous trouvâmes son abdomen rempli de miel. La cavité antérieure qui occupe les trois quarts du ventre était pleine comme un baril ; elle pouvait

quels se manifeste un instinct général et des velléités de stratégie. La fourmi, chez laquelle nous retrouvons plus d'une vertu sociale que nous avons admirée chez celles-ci, pourrait nous fournir également plus d'un trait comparable au raisonnement dont l'homme s'enorgueillit. Nous laissons la parole à un observateur scrupuleux pour lequel l'instinct des animaux non plus que le cœur humain n'a pu garder de secrets.

« Voici une énorme fourmi noire qui passe sur le chemin ; elle est pressée ; elle va droit à son but et nous la suivons des yeux. Tout affolée, elle arrive vers un groupe de ses semblables, auxquelles elle paraît transmettre un mot d'ordre, et aussitôt une armée toute entière, qui se grossit chemin faisant d'un grand nombre de bataillons errants, se précipite à sa suite, en ne laissant à la garde des pénates qu'un poste de sûreté.

« Bientôt, deux armées se trouvèrent en présence, car les fourmis grises avaient entrepris de forcer l'entrée d'un défilé défendu seulement par une poignée de fourmis noires, qui ne voulaient pas céder le passage et se faisaient tuer « *jusqu'au dernier ;* » et c'est alors que l'aide-de-camp que nous avons rencontré avait été détaché pour ramener en toute hâte le gros de l'armée noire. Le combat s'engagea alors sur une large ligne de bataille, et les noires paraissaient avoir l'avantage.

« Mais ce n'était qu'une ruse infernale des fourmis grises ; car les noires ne furent pas plutôt engagées dans pouvait contenir au moins une grande cuillerée de miel. Le miel avait encore la même consistance et le même goût que celui des abeilles. »

le défilé, que les grises, tournant la position en passant derrière une grande montagne de six pouces de haut, allèrent surprendre et cerner les noires à l'autre extrémité de ce passage dangereux, et *il en fut fait un grand massacre*.

« Ce n'est pas tout. Les noires devaient expier en ce jour néfaste leur fatale imprudence. Obligées de quitter inopinément leur campement pour porter secours à l'avant-garde, elles avaient laissé, comme nous l'avons dit, les mères, les enfants, les vieillards sous la garde d'une réserve suffisante.

« L'habile général gris ne manqua pas de remarquer cette faute, et lança de ce côté quelques escadrons volants. A l'aspect de la colonne ennemie, les mères noires, éperdues, emportent leurs larves; les vieillards traînent à la hâte quelques provisions de bouche. Vain effort, les grises, après avoir anéanti l'armée ennemie dans le défilé, s'emparent sans coup férir du camp abandonné des noires et bientôt l'ordre, avec un silence de mort, règne dans la nouvelle Varsovie.

> ..... *fuit Illium et ingens*
> *Gloria Teucrorum. Ferus omnia Jupiter Argos*
> *Transtulit.....*

« Oh la guerre ! la guerre ! jusque chez les infiniments petits de cette planète vouée au malheur ! »

(T. DE SAINT-GERMAIN, la Trêve de Dieu).

A ces tristes scènes de désolation, hâtons-nous bien vite de faire succéder le calme qui convient à des habitants

Voulez-vous une nouvelle preuve que nos abeilles n'agissent point au hasard et par un pur mouve-

des champs. Comme à la suite du coup de sifflet du machiniste, voici maintenant que la scène change et je vais vous montrer mes petits guerriers renonçant aux conquêtes, déposant leurs armes pour prendre la houlette et vivant tranquillement retirés sous leurs tentes comme des peuples pasteurs.

> *Seguite (dice) avventurosa gente*
> *Al ciel diletta, il bel vostro lavoro ;*
> *Che non portano già guerra quest'armi*
> *A l'opre vostre (a).*

Depuis longtemps on avait remarqué que les fourmis sont très-friandes du miel que les pucerons recueillent sur les végétaux ; mais les découvertes d'Hubert (b) ont singulièrement ajouté à l'intérêt de cette observation. Il a vu des fourmis transporter, élever, nourrir dans leurs habitations les petits parasites qui leur fournissent du miel. Les fourmillières sont plus ou moins riches selon qu'elles ont plus ou moins de pucerons. C'est leur bétail, ce sont leurs vaches, leurs chèvres, leurs abeilles. Quelques fourmis, plus ingénieuses et plus prévoyantes encore, bâtissent avec de la terre, autour des tiges des plantes, des maisonnettes et des étables destinées aux pucerons qu'elles y réunissent.

Pendant que nous sommes en voie d'étudier tous ces

(a) Heureuses gens, dit Herminie, vous que le ciel protége, continuez vos utiles travaux et que la vue de mes armes ne vous trouble pas dans vos occupations.

TASS. Gier., lib. c. VII.

(b) HUBER et LATREILLE, *Recherches sur les fourmis.*

ment automatique ? Observez le soin qu'elles prennent par avance de s'assurer un gîte convenable
avant de fonder une nouvelle colonie.

Peu de jours avant le grand événement, un cer

mondes en miniature où se reflètent les scènes les plus
intéressantes de notre existence sociale, je ne puis résister
à l'envie de glisser ici quelques mots concernant les
termites ou fourmis blanches, dont l'économie domestique
et la forme de gouvernement offre plus d'un rapport avec
l'industrie de nos abeilles, puisque, comme celles-ci, les
termites se construisent des habitations ou ruches qui ont
la forme cylindrique ou conique et dans des proportions
relatives parfois gigantesques.

Il n'est pas rare de rencontrer de ces sortes de constructions phalanstériennes, offrant depuis trois jusqu'à
cinq mètres de hauteur, sur des bases de trente à quarante mètres de surface, et de compter ainsi jusqu'à
trente et quarante de ces pyramides, séparées entre elles
par des intervalles de trois cents à cinq cents pas. On dirait
un grand village nègre, un wigwam de peaux-rouges ou
plutôt un douar arabe. Chose bien surprenante ! ces villes
de fourmis, si l'on met en regard les grandeurs respectives de l'homme et du termite, surpassent de beaucoup
en importance les pyramides d'Égypte, ces merveilles de
l'antiquité, devant lesquelles ne se lassent pas de s'extasier
les voyageurs modernes. En effet, tandis que la plus haute
de celles-ci dépasse à peine quatrevingt-dix fois la hauteur
totale de l'homme, la plus haute des pyramides élevées
par les fourmis atteint jusqu'à six mètres, c'est-à-dire
huit cents fois la longueur des animaux qui l'ont construite !
On voit donc que si les termites avaient un historiographe,

tain nombre d'abeilles exploratrices sont envoyées à la découverte — ainsi que Moïse marchant à la découverte de la terre de Chanaan (1) ; — elles obéissent à un décret de Dieu lui-même ; ce n'est qu'à la

celui-ci pourrait, à bon droit, dire avec le poète tant soit peu piqué de la tarentule de l'orgueil :

Monumentum exegi pyramidum altiùs (a).

L'intérieur de ces habitations ou ruches est divisé en galeries et en cellules dans toutes les directions ; au centre est un logement plus vaste que les autres, destiné à la reine et à ses favoris. Ceux-ci — *Epicuri de grege* — comme Ulysse et ses compagnons dans le palais de Circé, sont tenus soigneusement renfermés dans les galeries royales où la nourriture leur est soigneusement apportée des magasins de l'état par les travailleurs empressés à les servir.

Ainsi, à l'instar des abeilles, chaque ruche de termites est composée de trois sortes de personnages : les ouvrières sans sexe, les soldats et les mâles ou ailés *proletarii.*

Tandis que les premières exercent leur talent de maçon ou de mineur, élèvent des pyramides, ouvrent des galeries souterraines, se logent dans le bois, se construisant avec les débris de celui-ci des demeures aériennes sur les arbres dont elles enveloppent les grosses branches jusqu'à soixante pieds de hauteur ; les seconds, ou soldats, qu'on distingue aisément à leur tête plus épaisse et plus

(1) *Mille viros qui considerent terram Chanaan, quam daturus sum filiis Israël.* (Num., c. xiii, 3).

(a) Hor., od. i, l. i.

suite de leur rapport que le plan d'émigration est dressé et accompli sous la conduite d'un nouveau *Cecrops*. Tous les agriculteurs admettent ce fait

allongée et dont les mandibules sont aussi plus fortes, plus longues et très-croisées l'une sur l'autre, sont chargés de veiller à la sécurité de la communauté. Au moindre bruit, à la moindre brèche faite à l'édifice en construction on les voit accourir, s'élancer sur l'ennemi et le mordre avec tant de force et d'acharnement qu'on leur arracherait la partie inférieure du corps plutôt que de leur faire lâcher prise.

A une époque déterminée, les termites ailés prennent leur essor et, comme un énorme essaim, s'en vont par myriades fonder au loin de nouvelles colonies. Mais bientôt, leurs ailes ne pouvant plus les supporter, ils s'abattent sur la terre qu'ils couvrent au loin de leur troupe serrée, et deviennent en grande partie la proie des oiseaux, des lézards, des fourmis communes et même des nègres qui les croquent avec délice après les avoir fait griller comme des grains de café.

C'est alors que se passe une de ces scènes où l'instinct des animaux exécute, à s'y méprendre, des actes que l'on dirait empruntés à notre raisonnement. Les termites aptères qui, avertis par un secret instinct, épiaient de leurs galeries souterraines l'arrivée de l'essaim migrateur, sortent en foule de leurs tanières et parcourent en tous sens le champ de bataille où s'est consommée la ruine de la colonie ainsi moissonnée dans sa fleur. Ils font choix, parmi les survivants, d'une femelle et d'un certain nombre de mâles ; les emportent et les déposent au centre de leur demeure, dans la *chambre nuptiale*, où ces royaux époux, comme positif et plus d'une fois j'ai été à même d'en vérifier l'exactitude.

Un jour, entre autres, que je me promenais dans

bien choyés et nourris avec profusion, perdent leurs ailes avec la liberté et vont désormais passer le reste de leur vie princière à propager l'espèce. La reine,

> Portant avec solennité
> Le signe prodigieux de sa fécondité,

et dont le ventre s'augmente par degrés jusqu'à atteindre une longueur de douze centimètres sur cinq de circonférence, semble n'être plus qu'une machine à pondre, fonctionnant à la vapeur.

Smeathman (a) a calculé qu'elle pondait 60 œufs à la minute, soit 84,400 par jour, ou 2,590,000 par mois!...

Tout autour du palais ou du Gynecée sont distribuées avec ordre les nourriceries où les ouvrières emportent et déposent les œufs au fur et à mesure de leur éclosion, ayant soin de placer, tout auprès, une petite provision de gomme ou de suc de plante épaissi et divisé en petites masses.

Rare exemple de ce que peut l'association pour centupler la force : cet insecte si petit et si faible en apparence est pourtant l'ennemi le plus redoutable du boa, ce serpent gigantesque qui, semblable au dragon de la Fable, traine ses anneaux monstrueux sur le sol de ces mêmes solitudes. Lorsque le hideux reptile a réussi à s'emparer d'une

______
(a) *Encyclop. meth. ; Hist. nat*, t. IV, CCLII.

mon jardin, dans lequel mes ruches sont disséminées et placées le long des allées entre les arbres,
mon attention fut éveillée par un bourdonnement
isolé mais continu qui s'effectuait autour d'une de

vache ou de quelqu'autre volumineux animal qu'il a englouti
dans sa gueule immense en l'humectant de sa bave im-
monde ; absorbé en entier par le travail pénible de la digestion et plongé comme dans une sorte de léthargie, il
est assiégé avec furie par d'innombrables bandes de termites qui, entrant dans son corps par toutes les ouvertures, s'établissent d'emblée au cœur de la place et dévorent à la fois et le vainqueur et sa victime. Vingt-quatre
heures suffisent à ne laisser pour dépouilles opimes que les
os du bœuf et la peau vide du serpent, comme si elle avait
été préparée par la main de l'empailleur.

Voilà, certes, bien des choses faites pour exciter notre
admiration ; eh bien ! il existe encore des animaux bien
plus petits chez lesquels la puissance d'association exécute
des œuvres non moins merveilleuses puisqu'elles n'abou-
tissent à rien moins qu'à un changement complet de la
surface du globe, en amenant la végétation et la vie là où
l'on ne voyait naguères que l'esprit de Dieu planant sur
la surface des eaux.

Les mers du Sud qui, aujourd'hui, sont constellées
d'un si grand nombre d'îles que les géographes en ont pu
faire une cinquième partie du monde, sous le nom de
Polynésie, n'en contenaient autrefois qu'une bien moindre
quantité ; mais en revanche une multitude de montagnes
sous-marines, presque toutes d'origine volcanique et dont
les sommets étaient de 10 à 50 mètres au-dessous du ni-

mes ruches d'attente (ruches vides placées dans le but de solliciter des essaims nouveaux à venir s'y établir).

Je ne tardai pas à distinguer une abeille tournant en bourdonnant autour de la ruche, puis son examen achevé, se diriger vers l'entrée qu'elle avait fini par découvrir, et s'y glisser avec précaution.

veau de la mer. Sur ces sommets, sur les bords relevés de ces cratères, se sont établis des myriades de petits animaux gélatineux, presque invisibles à l'œil nu, qui, au moyen de la liqueur calcaire qu'ils sécrètent, se sont construits des ruches solides et de forme tantôt sphérique, tantôt arborescente. A une première génération de ces infiniment petits en ont succédé d'autres, qui, sur les ruches ou polypiers laissés par leurs prédécesseurs, en ont construit d'autres, et cela sans relâche jusqu'à ce que les édifices amoncelés et assez résistants pour ne rien craindre des vagues et des plus furieuses tempêtes, se soient élevés jusqu'à fleur d'eau. Ces récifs madréporiques, ces forêts de coraux entrelacés ont été bientôt couverts par les algues que rejetait la mer et aussi par le guano qu'y déposaient des milliers d'oiseaux pêcheurs dont elles étaient le refuge; une active végétation n'a pas tardé à s'y établir; les débris des végétaux ont de plus en plus exhaussé le sol et, grâce aux travaux de ces petits êtres, en apparence si méprisables, de florissants archipels sont venus embellir les mers. (L. BROTHIER, *Hist. de la Terre*).

« Ainsi tout est lié dans la nature. Les faunes, les dryades et les néréides s'y donnent la main. Partout se manifeste un ordre providentiel, au sein duquel la créa-

Appliquant l'oreille contre les parois de la ruche, je l'entendis distinctement continuer résolument son inspection dans l'intérieur, et faisant entendre ce bourdonnement clair par lequel elles ont coutume de signaler leur présence quand elles viennent à reconnaître un ennemi et l'exciter à se démasquer. Evidemment elle accomplissait ici un travail d'éclaireur, semblable à celui de ces espions que les anciens lançaient dans les villes pour en observer les parties faibles par où ils pourraient commencer l'attaque.

> *Jamque domum mirans.........*
> *Speluncisque lacus clausos, lucosque sonantes,*
> *Ibat...*

Bientôt enfin, satisfaite de son examen, je la vis ressortir par la même ouverture et s'élancer au loin, non sans avoir pris pendant quelques instants toutes les précautions d'observation en usage parmi les abeilles, lorsqu'elles quittent leur ruche pour la première fois après l'établissement d'un essaim, ou

tion se développe en nous manifestant dans une lumière toujours croissante, la sagesse et la bonté divine (a). »

> *Adventuque tuo tibi suaves Dœdala tellus*
> *Submittit flores, tibi rident æquora ponti,*
> *Placatumque nitet diffuso lumine cœlum.*
>
> (LUCR., *De Nat. rer.*, l. I (b).

(a) BERN. DE ST-P., *Études.*
(b) A ton aspect la terre se couvre de fleurs, la mer te sourit et le ciel devient serein et radieux.

après le long repos forcé de l'hiver. Voulant pousser l'expérience jusqu'au bout, j'attendis patiemment, sur place, la suite probable de cet événement. Au bout de peu de temps, j'eus la satisfaction de voir un groupe de vingt à trente abeilles, se dirigeant vers le domicile primitivement exploré, entrer résolûment dans la ruche, guidées probablement par le Christophe-Colomb de la troupe; puis, après en avoir parcouru l'intérieur dans tous les sens, reprendre son vol vers le point où s'était dirigée la première abeille,

Et jam Argiva phalanx instructis navibus ibat
Littora nota petens...

Piqué au vif par ce manége, je m'établis en observation, m'attendant d'un instant à l'autre à voir l'essaim venir prendre possession de la demeure explorée; mais, soit qu'il eût trouvé une demeure plus à sa convenance, soit, ce qui est plus probable, qu'il eût été arrêté dans son essor et logé par force dans une ruche dans laquelle on l'avait installé avec accompagnement du charivari obligé, je fus trompé dans mon attente.

M. de Frarière, lui, a été plus heureux en pareille circonstance et l'on peut voir dans son intéressant ouvrage un fait semblable raconté en grand détail et dans lequel la reconnaissance préalable de la ruche par les abeilles fourrières fut suivie d'une véritable prise de possession.

L'art avec lequel elles savent au besoin se procurer des reines avec du couvain d'ouvrières, lorsque par suite d'accident ou de maladie elles ont perdu leur mère et souveraine, est encore une de ces preuves étonnantes de la spontanéité de leurs déterminations dans certains cas qui se rapprochent tellement du raisonnement qu'avec la meilleure volonté du monde il est impossible de le renfermer dans les bornes d'un aveugle instinct.

Dès que ce malheur public est constaté, on voit une grande agitation se communiquer de proche en proche et s'étendre bientôt à la ruche entière. Les travaux restent quelque temps abandonnés ; puis, après un assez long silence, indice de la tenue d'une sorte de conseil, on les voit tout à coup prendre une grande détermination.... Une fois fixées sur ce qu'il leur reste à faire, la masse reprend ses occupations comme si rien ne s'était passé, tandis qu'un groupe d'entre elles se précipite sur un point déterminé des cellules remplies de larves nouvellement écloses, les arrachent sans pitié de leur berceau et les emportent au loin, où elles ne tardent pas à périr de froid et de faim. Elles n'exceptent de cette exécution sommaire qu'un petit nombre de larves dont elles agrandissent la demeure aux dépens des cellules dont elles ont arraché les habitants. Ces nouvelles cellules prennent bientôt, *sous leurs mains*, la dimension et l'apparence des cellules royales (sorte de cellules particulières aux reines dont nous donnerons la description dans le chapitre II) ; puis les abeilles nourricières s'ingénient à tenir constamment à la disposition de ces larves privilégiées une nourriture abondante et d'une nature particulière, c'est la gelée royale, sorte d'ambroisie, douée de la vertu singulière de transformer ces larves plébéiennes en larves royales.

Au temps voulu, ces cellules sont fermées avec soin et la larve file sa coque de soie dans laquelle elle doit passer son temps d'épreuve. Heureuse entre toutes ces larves, si elle peut l'accomplir sans accident et si elle n'est pas mise à mort dans sa prison temporaire par quelqu'une de ses pareilles, enflammée de jalousie et dont la naissance aura quelque peu précédé la sienne! Bonne chance, donc !

> *Si qua fata aspera rumpas*
> *Tu Marcellus eris!....*   (**V.**, *En.*, vi).

Mais descendons les marches de ce trône éphémère et laissons là, pour le moment, ce triste privilége des grandeurs où la roche tarpéienne est si près du Capitole : *paulo majora canamus.* On sait avec quel soin les abeilles tiennent leur ruche propre et avec quelle activité elles s'emploient à la débarrasser de ce qui serait de nature à l'encombrer ou à en corrompre l'intérieur. Elles emportent au loin les petits cadavres de celles d'entr'elles qui périssent de mort naturelle ou d'accident, ainsi que ceux des ennemis qui, introduits dans la

place, ont fini par succomber sous leurs coups ;
mais il arrive parfois que la masse de ceux-ci résiste à toutes leurs forces réunies ; ne pouvant,
malgré leurs efforts, tirer leur cadavre au dehors,
elles vont prendre une autre détermination : à
l'aide d'un mélange de cire et de propolis habile-
ment combiné, on les voit recouvrir exactement,
embaumer comme une précieuse momie le corps
de cet ennemi et prévenir, à l'aide de cet acte
emprunté à l'hygiène si vantée des Egyptiens, la
putréfaction qui ne tarderait pas à se manifester,
et qui, activée par la chaleur d'un lieu aussi peuplé, répandrait bientôt dans l'étroite cité l'infection et la mort.

Comment concevoir une entente aussi parfaite
de toute une population dans des actes aussi divers, sans admettre un moyen quelconque de se
communiquer mutuellement ses idées ? Nous voilà
donc obligé d'accorder aux abeilles cette faculté,
bien singulière chez d'aussi petits êtres, de partager pour ainsi dire seules avec l'homme le rare
privilége de s'entendre aussi bien en produisant
des sons variés avec intention qu'en se servant du
toucher.

Quant à ce dernier sens il s'exerce, on le sait,
au moyen des antennes, sortes de petits corpuscules dont leur tête est armée, et qui, formés d'un
grand nombre d'articulations, sont doués d'une
telle flexibilité qu'ils peuvent se mouler et s'appliquer sur les plus petits objets ; leur sensibilité est

des plus exquises ; c'est au moyen de ces véritables doigts que les abeilles parviennent à se reconnaître et à se diriger dans l'obscurité et dans les recoins les plus reculés de leur demeure. Organes parfaits du toucher, ils leur suffisent dans le plus grand nombre des cas pour accomplir, sans le secours de la vue, les merveilleux travaux qui confondent nos idées.

Mais, outre les ressources que l'abeille tire de ce sens exquis du toucher, on ne saurait lui refuser l'art de communiquer ses impressions à l'aide des sons qu'elle sait moduler et proportionner à l'importance de l'effet qu'elle veut produire. Autres sont, par exemple, les petits sons que donnent les gardiennes chaque fois qu'elles rencontrent une abeille errant dans les lieux confiés à leur vigilance, et celui que l'abeille sait faire entendre quand c'est un ennemi qu'elle veut signaler à ses compagnes (1). Ce son est alors répété, à l'unisson, par toutes les surveillantes répandues jusque dans les profondeurs de la ruche ; toutes aussitôt se précipitent pour prêter main forte à la garde, et, si ce renfort n'est pas jugé suffisant, elles répètent avec animation le cri d'alarme

(1) .... *namque morantis*
 Martius ille æris rauci clamor increpat, et vox
 Auditur fractos sonitus imitata tubarum.
     GEORG., IV.

qui met cette fois sur pied la population tout
entière.

> *Festinate, viri : nam quæ tam sera moratur*
> *Segnities? alii rapiunt incensa feruntque*
> *Pergama !...............*
>
> ÉNÉID., l. II.

On écrirait des volumes entiers si l'on voulait
épuiser tout ce que fournirait un semblable sujet.
Réaumur, lui-même, cet observateur si patient et
si habile, après avoir fait de cette étude son occupation favorite la plus constante, avoue que les
abeilles sont loin de lui avoir montré toute leur
industrie, et « qu'elles se sont réservé des mystères de nature à ravir encore de nouveaux et plus
assidus observateurs. » Il n'est pas jusqu'au froid
et sceptique Montaigne, si difficile à émouvoir en
tout ce qui touche au merveilleux, qui ne se voie
forcé de convenir que la science humaine se trouve
ici égalée, si non dépassée : « Est-il police, dit-il,
si réglée, diversifiée à plus de charges et d'offices,
et plus constamment entretenue, que celle des
mouches à miel? Cette disposition d'actions et de
variations si ordonnées, les pouvons-nous imaginer
se conduire sans discours et sans prudence? »
(*Essais*, liv. II, ch. XII).

> *His quidem signis atque hæc exempla secuti*
> *Esse apibus partem divinæ mentis, et haustus*
> *Ætherios, dixere...... .*
>
> VIRG., *Georg.*, IV.

Aussi était-ce une croyance commune chez les

anciens que les âmes des justes, après avoir été
quelque temps assujéties dans leurs métamorphoses
à des corps d'abeilles, allaient ensuite recevoir leur
récompense dans le séjour des dieux (1).

> *Nec mortis esse locum, sed viva volare*
> *Sideris in numerum........*
>
> VIRG., *Georg.*, IV.

Les anciens n'ont pas été les seuls à tenir en si
haute estime les abeilles ; nous voyons dans le
moyen-âge, les Francs, nos belliqueux ancêtres,
les adopter pour emblêmes de leurs tribus unies
pour une œuvre commune, la conquête ; et, de nos
jours, le glorieux fondateur de la dynastie qui nous
gouverne, voulant symboliser dans le pouvoir la
personnification des vertus civiques et du courage
militaire, a constellé d'abeilles les plis de son man-
teau impérial.

Et les poètes, ces sublimes rêveurs qui, sans
efforts, sans secousses, ont réussi à attirer à eux
plus d'âmes que les plus puissants conquérants de
la terre, n'ont-ils pas été avec juste raison comparés
à l'abeille, eux qu'on voit sans trève ni repos, ainsi
que le dit le poète aimé de Mécène :

> *Manare poetica mella,*

aller butinant sur toutes les fleurs.

(1) « Il est vraisemblable que leur âme (celle des justes)
après leur mort entre dans des corps d'animaux de mœurs
douces et sociables, tels que des corps d'abeilles.» (PLATON
le Phédon.

Enfin si, cessant de considérer l'abeille dans ses rapports avec l'espèce, nous venons à la considérer dans ses rapports avec le *Grand-Tout* qui compose notre univers, nous lui trouvons de non moins grandes harmonies avec le règne végétal, auquel elle emprunte sa subsistance et dont, en retour, elle facilite la reproduction, en disséminant le principe fécondant des fleurs. Les botanistes démontrent par la conformation des nectaires et par la position des glandes nectarifères dans les fleurs, que le plus souvent la fécondation des fleurs hermaphrodites ne saurait avoir lieu directement et sans le concours d'influences extérieures et spéciales (1). Le nectar que ces fleurs distillent attire tout naturellement l'abeille, et celle-ci, en s'introduisant dans les corolles des fleurs pour le récolter, concourt puissamment à leur fécondation, en disséminant sur son passage la poussière séminale dont son corps velu s'est en quelque sorte saturé.

> Elle était prêtresse de Flore,
> Elle l'est de Pomone encore.
>
> La Fontaine.

Ainsi dans la grande ordonnance de la nature, rien n'est créé sans dessein, rien n'est à dédaigner ; tout concourt, dans la petite sphère de ses instincts, à l'harmonie des lois générales de l'univers,

(1) Faivre. — *Nécessité du croisement des plantes ;* — Congrès médical de Lyon, octobre 1864.

et le plus petit des insectes que nous foulons d'un
pied dédaigneux est souvent ordonné à la conservation et à la perpétuité des espèces. Devant le
créateur des mondes

> Rien n'est grand, n'est petit...
> Et dans cet univers, dans cette immensité,
> Où s'abîme l'esprit et l'œil épouvanté,
> De l'astre étincelant à l'insecte éphémère,
> Tout n'est qu'attraction, feu, merveille, mystère ! (1)
>
> (DARU, — *l'Astronomie*).

(1) *Spiritus intus alit, totamque infusa per artus
Mens agitat molem.* (VIRG., *En.*, v.)

CHAPITRE II

HISTOIRE NATURELLE DE L'ABEILLE

> *Naturas apibus quas Jupiter ipse*
> *Addidit, expediam. Totiusque ordine gentis*
> *Mores et studia.*
> VIRG., *Georg.*, IV.

> La dignité des animaux est relative à la vie
> de famille. Ceux chez lesquels ce sentiment
> existe le plus sont les premiers dans la série des
> êtres vivants.
> Jonath. FRANCKLIN, *la Vie des animaux.*

Nous venons de considérer l'abeille au point de vue moral et dans ses relations sociales ; il nous reste, pour compléter cette étude, à étudier l'individu en lui-même, en tant que fonctionnant isolément. Après avoir apprécié l'œuvre, essayons maintenant d'analyser le moyen ; faisant abstraction de la science harmonique du compositeur, démontons, si faire se peut, le clavier de l'instrument, et essayons de découvrir les ressorts à l'aide desquels le divin auteur est arrivé à produire les merveilles qui nous ravissent (1).

Si nous examinons une ruche au moment de sa plus grande activité, nous la trouvons peuplée de trois sortes de mouches : les ouvrières, *operarii, spadones,* celles sur qui roule tout le soin du ménage, et qui sont privées d'un sexe déterminé ; elles sont de beaucoup les plus nombreuses ; leur quantité varie de quinze à trente mille.

Les mâles, *fuci,* désignés sous le nom de faux-bourdons ou simplement bourdons, ordinairement au nombre de deux ou trois cents, parfois ; mais rarement, atteignant le chiffre d'un mille environ.

Enfin, la reine ou la mère, *alma parens,* ou, pour parler plus simplement, la femelle, seule de son sexe au milieu de ce peuple innombrable. Il est pourtant un moment de l'année où l'on en rencontre un certain nombre qui peut varier de quinze à vingt ; mais ce temps exceptionnel est fort court, et, après que, par cette prodigalité inaccoutumée, la prévoyante nature a assuré la perpétuité de l'espèce, la femelle, la mère ou la reine règne seule et sans partage sur son peuple empressé et fidèle.

Constamment renfermée dans son gynécée, et vaquant sans relâche à ses intéressantes fonctions,

_____

(1) *Infirma mundi elegit Deus, ut confundat fortia.* (PSALM.)

elle ne quitte jamais la ruche ; si ce n'est une première fois dans les chaudes heures du jour, pour
les courts moments d'un discret hyménée, et con-
tracter par cet acte une fécondité qui ne connaîtra
plus de bornes ; et une seconde fois, dans une circonstance solennelle et décisive, lorsqu'il s'agira
d'aller au loin diriger le trop-plein de la population
et fonder une nouvelle colonie.

Reine et mère de son peuple dans toute l'acception du mot, c'est vraiment plaisir de voir tout le
personnel de la ruche empressé autour d'elle, et se
comporter non moins en enfants soumis qu'en sujets dévoués. Svelte, allongée, élégante dans sa
taille, dont la proportion diffère sensiblement de
celle des autres abeilles, — *vera incessu Dea*, —
on voit cette gracieuse souveraine aller et venir
sans cesse d'un gâteau à l'autre au milieu d'une
sorte de petite cour attentive à prévenir ses besoins.

> *Ognun la riverisce e se gli inchina.*

Rencontre-t-elle sur son passage une ouvrière
en train d'embouteiller le miel, celle-ci s'empresse
de lui tendre du bout de sa trompe une gouttelette
de la précieuse liqueur, qu'elle daigne accepter
sans se détourner, en vraie reine qui connaît ce
qui lui est dû.

La reine, on le voit, est ici le personnage important, le *Deus ex machinâ*, le pivot sur lequel roule
tout l'édifice social ; et elle pourrait avec plus de

raison encore que Louis XIV dire « l'Etat, c'est moi ! » Aussi la nature, qui dans ses plans en général a subordonné l'individu à l'espèce, a-t-elle soin, à un moment donné, d'en multiplier le nombre avec une prodigalité qui ne peut s'expliquer que par l'importance du sujet ; puisque c'est d'une reine saine et bien conformée que dépend l'existence, l'entretien, tout l'avenir, en un mot, de la société. Mais, une fois ce but principal atteint, et après que cette mère est partie avec la colonie qui a quitté la ruche pour fonder un nouvel établissement, on voit, — *quid furens fœmina possit !* — s'allumer entre les *jeunes premières*, restées maîtresses du logis, une haine et une jalousie implacables qui les portent à s'attaquer les unes les autres et à s'entretuer à coups d'aiguillon, jusqu'à ce qu'une seule reste maîtresse du trône et du gynécée. Celle d'entre elles qui sort victorieuse de ce nouveau combat *des Trente* vient, toute frémissante encore de la lutte, recevoir en souveraine absolue les hommages empressés de son régiment de *Horseguards*, le corps des bourdons, les mousquetaires de la reine. Telle jadis la cruelle et fière Roxane, pour fixer à son front la couronne d'Alexandre, faisait périr la fille de Darius et la veuve d'Ephestion, toutes deux coupables d'avoir attiré l'attention de celui qui fut un instant le maître du monde et trop souvent l'esclave de ses passions ; ou telle encore la Sémiramis du nord, celle qu'une cour adulatrice a nommé la grande Catherine, la main moite encore de la sueur d'agonie hâtée de son royal époux, s'essayait — *cuncta supercilio movens* — à exciter ou à calmer du pli de son sourcil olympien le flot toujours montant de ses adorateurs.

Mais laissons là l'histoire des peuples et ses tristes enseignements, et, après avoir constaté en passant que notre humanité, malgré ses prétentions à la perfectibilité, n'a guère de mœurs plus douces, revenons à nos moutons, c'est-à-dire à nos abeilles qui ne diffèrent, comme on le voit, d'autres personnages qui se mettent bien au-dessus d'elles, qu'en ce qu'elles ont six pattes et quatre ailes, c'est-à-dire des moyens en plus et bien des vices en moins.

La troisième espèce de mouches que l'on rencontre dans une ruche est celle à laquelle on a donné le nom d'ouvrières : petites, mais vives et agiles, elles sont, comme nous l'avons dit, de beaucoup les plus nombreuses ; la nature, qui a voulu que rien ne vînt les distraire de leurs importants travaux, les a privées des organes qui caractérisent le sexe. Aussi ce sont elles qui vaquent à tous les emplois sans lesquels la communauté ne pourrait exister un seul moment. A chaque instant du jour on les voit aller, venir, chargées du butin ou des matériaux nécessaires à l'entretien ou à la réparation des édifices,— *nec mora, nec requies* ; — toujours occupées au dedans, lorsque le mauvais temps s'oppose à leurs occupations du dehors ; le

travail est pour elles une nécessité et une des conditions de leur nature.

Quant aux bourdons ou faux-bourdons, ils n'ont
ni aiguillon, ni palettes, ni dents saillantes comme
les abeilles communes ; leurs dents sont petites,
plates et cachées ; leur trompe est aussi plus courte
et plus déliée ; on voit qu'elle est taillée à leur
usage particulier et non destinée à servir d'instrument ; leurs yeux sont plus grands et plus gros
que ceux des ouvrières; ils couvrent tout le dessus
de la partie supérieure de la tête, tandis que les
yeux de celles-ci forment simplement une espèce
de bourrelet de chaque côté.

On distingue trois parties dans le corps de l'a-
beille : la tête, la poitrine et le ventre. La tête est
composée de deux mâchoires, de la bouche, dans
laquelle est renfermée la langue ; de la trompe,
des yeux et des deux cornes articulées ou antennes.

Les deux mâchoires sont deux dents crochues
posées l'une contre l'autre, longues, saillantes et
mobiles ; l'abeille s'en sert comme de deux mains
pour la construction de ses ouvrages, pour pétrir
la cire et saisir et emporter au dehors de la ruche
tout ce qui l'incommode.

Ses yeux représentent deux segments de sphère
taillés en nombreuses facettes ; ils sont d'une couleur purpurine et recouverts de poils.

La bouche et la langue qui y est renfermée sont
situées à l'origine de la trompe, au-dessus des deux
dents.

La trompe est une partie charnue, large, plate, mobile et rétractile ; lorsqu'elle est dépliée et en mouvement, on la voit descendre fort au-dessous de deux dents saillantes qui sont à l'extrémité de la tête ; lorsqu'elle est en repos et repliée, on ne voit plus que les étuis ou fourreaux qui la contiennent. Le nom de trompe qu'on applique communément à cet organe pourrait induire en erreur ; ce n'est point une trompe proprement dite, car on ne trouve point à son intérieur de cavité propre à exercer une succion et à attirer les liquides en faisant le vide. Epaisse et charnue, elle est tout à fait impropre à exercer cette fonction ; c'est donc en lappant au fond des calices des fleurs, à peu près comme font les chiens quand ils boivent, que la trompe se charge des liquides et qu'elle les transmet au gosier pour de là les faire pénétrer dans l'estomac.

La poitrine ou corcelet soutient les ailes et les pattes. Les ailes sont au nombre de quatre : deux grandes qui couvrent tout le corps et deux petites. Si on les soulève de chaque côté, on trouve à leur insertion sur le corcelet deux ouvertures ressemblant à une bouche : ce sont les ouvertures des trachées, représentant chez les insectes les poumons, et par où ils absorbent l'air atmosphérique nécessaire à leur existence. Si, par accident ou immersion dans quelque liquide, ces ouvertures viennent à s'obstruer, ils sont à l'instant même asphyxiés.

Les jambes sont au nombre de six, placées par

paires, trois de chaque côté. Chaque jambe est garnie à son extrémité libre de deux grands ongles crochus et de deux autres plus petits, entre lesquels existe une partie molle et charnue représentant le pied des autres animaux. La jambe est en outre composée de cinq pièces articulées comme nos bras, ce qui leur permet des mouvements nombreux et variés. La seconde et la troisième paire de ces jambes offrent encore chacune une pièce singulière, composée d'une surface plate et carrée, chargée de poils roides et courts qu'on appelle la brosse; et, en effet, c'est avec ces sortes de brosses que l'abeille ramasse les poussières des étamines, dont son corps velu est comme saupoudré lorsqu'elle s'introduit dans les fleurs pour récolter le pollen et le miel.

Le ventre est formé de six grandes pièces écailleuses s'emboîtant l'une dans l'autre et formant six anneaux qui laissent au corps toute sa souplesse, tout en le garantissant des chocs extérieurs. Ces anneaux écailleux offrent ainsi quelque ressemblance avec les brassards dont nos anciens chevaliers entouraient leurs membres pour les défendre contre les traits de l'ennemi, tout en leur conservant la liberté des mouvements. Dans le ventre, sont contenus les deux estomacs : l'un, celui du miel, communiquant à la bouche par l'œsophage, donne passage à la liqueur que la trompe y conduit pour y recevoir une seconde élaboration qui l'épaissit, la raffine et la change en miel parfait ; le

second estomac est celui où la cire brute est introduite pour servir à la digestion de l'abeille, et d'où
elle est transmise plus tard, à l'aide des conduits
excréteurs, entre les anneaux de l'abdomen à l'état
de cire parfaite.

Les autres portions contenues dans le ventre de
l'abeille sont les intestins qui complètent le canal
alimentaire, et l'aiguillon qui occupe l'extrémité
postérieure de l'abdomen. L'abeille tient cette arme
habituellement cachée dans l'intérieur du ventre ;
quand elle est irritée ou qu'on presse sur son abdomen, on voit saillir un dard excessivement aigu,
accompagné de deux corpuscules blancs, formant
dans leur ensemble une espèce de boîte qui lui sert
d'enveloppe. Quoique très-délié, il est creux d'un
bout à l'autre ; et quelque délié encore qu'il nous
paraisse, ce n'est point encore là l'aiguillon : nous
n'avons là à proprement parler que son étui. Le
véritable aiguillon est renfermé dans sa cavité ;
c'est par l'extrémité de cet étui qu'il sort et qu'il
est dardé en même temps que la liqueur empoison-
née. Chose plus surprenante encore ! cet aiguillon
si prodigieusement délié n'est point unique : il est
composé de deux pièces taillées en lames de scie, qui
jouent en même temps ou séparément, au gré de
l'abeille. Enfin, à la base de cet aiguillon, on trouve
une petite vessie dans laquelle est renfermée le
venin ; elle est entourée de deux corps charnus ou
muscles éjaculateurs qui, en même temps qu'ils
ont pour mission de faire entrer l'aiguillon dans les

chairs de la victime, pressent sur cette vessie pour en exprimer la liqueur meurtrière et la pousser dans la plaie.

On peut présumer que les abeilles ne vivent qu'un an ou deux, bien que quelques auteurs prétendent que leur existence est de sept ans et plus. Deux saisons, l'automne et le printemps en voient moissonner un grand nombre ; chacune de ces saisons voit mourir au moins le tiers d'une ruche.

Les abeilles ont pour preuve de leur importance un article du Code qui leur est consacré, qui fait de ces insectes une propriété respectable aux yeux de la loi.

Parmi toutes leurs fonctions, la plus assidue comme la plus affectionnée par elles est la construction des alvéoles destinés à servir de berceaux aux jeunes abeilles. Celles d'entre elles qui se sont chargées de cette construction ont bien soin de se conformer en exécutant ce travail aux différences que nous avons signalées dans la proportion des divers individus dont se compose la ruche, et elles savent fort bien proportionner la dimension des alvéoles à la grosseur ou à l'exiguité de ceux auxquels ils sont destinés. Ainsi les cellules réservées aux mâles sont plus considérables, mais bien moins nombreuses que celles construites pour les ouvrières, qui forment à elles seules la totalité presque des rayons. La même prévoyance et la même précaution se retrouvent pour celles des reines, dont le nombre est relativement fort borné, mais qui sont les plus spacieuses de toutes ; on voit que pour celles-ci elles n'ont ménagé ni l'espace ni la matière, puisqu'un seul de ces logements destinés aux jeunes reines pèse autant que cent cinquante alvéoles d'ouvrières ; ce sont donc ici, à proprement parler, les palais de la cité.

Dans cette petite monarchie, chez laquelle la loi salique est loin d'être en vigueur, chacun, comme on le voit, a ses fonctions bien définies : à la reine, le soin de propager l'espèce, d'animer tout de sa présence, et de *régner* enfin par le droit de l'amour sur des sujets dont elle est la mère dans toute l'acception du mot ; aux ouvrières, tous les détails du ménage et de la famille ; à elles le soin d'emménager les provisions, de construire ou de réparer les édifices et de veiller aux besoins des jeunes abeilles.

Quant aux mâles, ils paraissent, aux yeux de ceux qui les ont observés (un peu trop superficiellement peut-être), n'avoir d'autre fonction que celle de propager l'espèce, et le reste du temps on les voit partager, entre le repos et le sommeil, les courts moments de leur vie toute sybaritique. Gros, gras et lourds et, comme le disait de lui-même Horace, en plaisantant, *Epicuri de grege porci*, constamment blottis ou endormis dans la ruche, on les voit, seulement dans les plus chaudes heures du jour, s'ébattre pendant quelques instants au soleil, en vrais égoïstes qu'ils sont. Soigneux de leur personne, ils s'aventurent peu au dehors et ne rentrent jamais chargés de cire ou de miel. Ils semblent abandonner ces humbles fonctions domestiques aux simples ouvrières, trop honorées, sans doute, d'engraisser du fruit de leurs labeurs ces indolents parasites. Mais patience ! bientôt aura sonné l'heure à laquelle leur ministère va devenir une sinécure. Pendant qu'ils s'endorment dans les délices de Capoue, une sourde conspiration s'ourdit contre les royaux favoris, dont la gloutonnerie persistante finirait à la longue par affamer la ruche. Complice aussi discrète que résolue, chaque ouvrière tient suspendue sur leur tête l'épée de Damoclès. Enfin, à un signal donné, et comme jadis au son du beffroi de Saint-Germain-l'Auxerrois, on vit les séïdes de la Frédégonde florentine et de son faible fils le roi Charles IX,

Ille dolis instructus et arte Pelasgâ,

se ruer sur les Huguenots accourus à Paris sur la foi de perfides promesses, pour sceller une paix pleine d'embûches : de même on voit les abeilles

Aspre nemiche del sesso virile,

se précipiter et tuer à coups pressés d'aiguillon tous les mâles, qui, surpris et sans défense, s'agitent et se démènent dans tous les coins pour éviter la mort. En vain, plus gros et plus forts que les ennemis qui s'acharnent à leur poursuite, ils luttent avec le courage du désespoir ; celles-ci, réu-

nies en grand nombre, les pourchassent et les
poursuivent jusqu'au dehors, tombant pêle-mêle
avec leurs victimes que l'on voit se débattre un moment, puis mourir jusqu'au dernier. Telles le poète
nous dépeint les cinquante filles de Danaüs massa-
crant en une nuit leurs trop confiants époux :

> *Impiæ, nam quid potuere majus,*
> *Impiæ sponsos potuere duro*
> > *Perdere ferro.*
>
> > > HOR., **3**, XI.

Mais cette soif de meurtre n'est pas encore as-
souvie et bientôt on les voit se jeter avec un acharnement sans pareil sur tout ce qui reste dans la
ruche de la race proscrite, arracher de leurs cellules les larves à demi-formées des bourdons, les dé-
chirer à belles dents, et faire de leurs entrailles un
repas de cannibale.

Hâtons-nous de tirer le rideau sur ces scènes de
meurtre qui nous révoltent chez de petits êtres qui,
ne se nourrissant que de miel, devraient faire montre de plus de douceur ; et reprenons le calme et
le sang-froid dont ne devrait pas se départir un
naturaliste tenu par devoir de tout raconter avec
impartialité.

Les abeilles ont été pendant longtemps désignées
sous le nom de *mouches à miel,* à une époque où
l'on comprenait presque indifféremment sous le

nom générique de mouches tous les insectes pour-
vus d'ailes membraneuses sans élytres. Toutefois,
elles diffèrent essentiellement des mouches proprement dites par la forme de leur corps, par la nature de leurs ailes, par leur aiguillon, par leur bouche, par leurs habitudes, et, par dessus tout, par
leur instinct admirable.

Aujourd'hui, pour l'entomologiste, l'abeille est
un insecte de la famille des hyménoptères, ayant
pour caractère spécial un corps plus ou moins
velu, muni de quatre ailes inégales, membraneuses,
veinées, de deux antennes articulées, de deux mandibules, d'une trompe, où, pour mieux dire, d'une
langue plate et allongée, coudée, et d'un aiguillon
très-acéré, rétractile, caché dans la partie postérieure du ventre.

Ce genre est très-nombreux et les espèces souvent bien distinctes entre elles. Celle qui nous intéresse entre toutes, l'abeille domestique, *apis mel-
lifica*, est aussi désignée dans la nomenclature de
Linnée : « abeille brune, tête et corcelet couverts
d'un duvet gris-fauve ; jambes postérieures, larges,
comprimées, etc. » Le caractère propre de l'abeille
domestique consiste dans cette conformation particulière du premier article du tarse des jambes
postérieures, qui est aplati, très-large, aussi grand
à lui seul que les quatre autres pris ensemble, et
garni intérieurement de poils courts, raides et
serrés, destinés à contenir et transporter le pollen,
autrement dit cire brute, qu'elles emploient à leur

nourriture, à celle de leurs larves et à la construction de leurs édifices.

Rien de plus intéressant pour l'observateur qui
les suit dans leurs travaux, que la manière dont
elles s'y prennent pour se charger de toutes ces
petites boules ou plutôt, de tous ces petits pains
rouges, bleus, verts, de toutes les nuances enfin,
que l'on voit attachés à la petite corbeille dont la
prévoyante nature les a pourvues. Voltigeant sans
cesse de fleur en fleur, l'abeille, lorsqu'elle en a
trouvé une à sa convenance, entr'ouve à l'aide de
ses pattes et de ses mandibules un des sacs où se
trouve renfermée la liqueur fécondante des fleurs
(étamines et pollen). C'est vraiment plaisir de la
voir se trémousser à droite et à gauche, mordre à
belles dents pour arracher un petit grumeau de
cette matière :

Ore trahit quodcumque potest atque addidit acervo.

H.

Pendant qu'elle la malaxe en la pétrissant avec ses
mâchoires, les deux premières jambes de devant
faisant l'office de mains, comme chez un écureuil
rongeant sa noix, travaillent à lui donner la forme
convenable ; une de celles-ci s'en charge ensuite et
la donne à la seconde jambe du même côté, qui la
transmet à la troisième, en l'appliquant sur le tas
commencé qu'elle foule avec soin pour en déterminer l'adhérence. L'abeille s'aide à cet effet de sa
langue dont elle se sert comme d'une petite truelle

ou battoir. A voir ainsi les petites pelottes courir avec rapidité de jambe en jambe, on dirait d'une muscade entre les doigts d'un habile prestidigitateur.

Aussitôt que l'abeille a fait sa provision du pollen contenu dans la fleur, on la voit descendre au fond du calice, percer le réservoir qui contient le miel (les nectaires), et y introduire sa trompe ; puis, gorgée de butin, elle prend allégrement son vol par la route la plus droite pour retourner à sa ruche , sans hésitation et sans jamais s'y méprendre.

Pendant ce temps, les abeilles demeurées au logis ne sont pas restées inactives : les *cirières* — les maçons et les charpentiers de la troupe — construisent en hâte les édifices. Tandis que les unes tracent comme au compas le plan géométrique des cellules, les autres, les anciennes — les *gabiers* — dont le talent s'est mûri par l'expérience, sont chargées de consolider les parties faibles des édifices. On les voit aller et venir sans cesse, assujettissant là, par des cordons épais de cire mélangée de propolis, les parties de gâteaux qu'une trop grande longueur pourrait déterminer à se rompre sous leur propre poids, ou sous celui des provisions qui doivent y être emmagasinées plus tard ; ici, garnissant de lames minces de cette même propolis tous les bords, angles et contreforts des cellules ; allongeant, étirant ou raccourcissant ces lamelles suivant le besoin et la circonstance ; puis les assujettissant avec une précision mathématique, rognant les angles avec leurs mandibules, polissant les moindres aspérités avec leur langue mince et flexible, se prêtant à toutes les inflexions nécessaires. D'autres ouvrières, — les *calfats*, — succèdent à celles-ci, prennent leur place dans la cellule qu'elles viennent d'achever, et lui donnent la dernière façon en l'enduisant d'une espèce de vernis de couleur jaune destiné à calfeutrer hermétiquement tous les joints et en assurer l'imperméabilité et la résistance.

La manière dont elles s'y prennent pour embouteiller le miel liquide dans les cellules destinées à le recevoir, n'est pas moins remarquable. En construisant les cellules, les abeilles ont eu d'abord la prévoyante attention de donner à celles-ci une inclinaison générale de bas en haut, de telle sorte que le miel, à mesure qu'il est apporté, se trouve retenu dans la cellule par l'obliquité de celle-ci, dont l'entrée se trouve plus élevée que le fond ; mais, à mesure que la cellule se remplit, le miel ne tarde pas à atteindre le bord, et bientôt on le verrait couler de toute part si, pour remédier à cet inconvénient, elles n'avaient la précaution de sceller l'ouverture de la cellule à l'aide d'un petit couvercle de cire, vers la partie supérieure duquel elles ont soin de ménager un petit trou, qu'elles bouchent ensuite quand la cellule est complètement remplie. Ainsi scellé et cacheté, le miel se conserve indéfiniment sans s'altérer. Rangé symétriquement dans

ces petites amphores étagées les unes au-dessus
des autres, ainsi que cela se pratique pour des vins
de garde, il peut, comme le Falerne chanté par
Horace, — *testa moveri digna bono die*, — être mis
en réserve pour de lointains consulats.

Il est facile, à première vue, de distinguer les
cellules remplies de miel de celles dans lesquelles
est emmagasiné le pollen ou le couvain ; les premières sont plates et oblitérées par un opercule
d'un blanc mat ou de couleur citrine, tandis que les
autres sont bombées ou colorées en brun noirâtre.
Pour remplir ces cellules de pollen, l'abeille ne met
pas tant de façon ; elle se borne à l'y entasser à
mesure qu'elle en décharge ses pattes, pressant de
temps en temps de sa tête le fond de la cellule
pour l'y refouler et le tasser en une masse dure et
compacte.

Le procédé mis en œuvre par l'abeille pour fabriquer la cire a été diversement expliqué par les
observateurs : les uns veulent que l'abeille se borne
à ramasser la cire toute faite sur les feuilles et les
bourgeons des arbres, de la même manière qu'elle
récolte le miel ; tandis que d'autres établissent
qu'elle est un produit réel de leur organisation,
une véritable sécrétion, suite de l'élaboration subie
dans les organes digestifs par le pollen qui, de
de *cire brute*, ainsi que l'avaient fort bien pressenti
les observateurs, deviendrait après cette opération
intestine de la *cire pure*. Ce produit excrétoire,
analogue jusqu'à un certain point, aux produits

sébacés des animaux de grande taille, est déposé à
l'aide d'un système particulier de vaisseaux excréteurs entre les anneaux de l'abdomen des abeilles ;
il s'y épaissit par suite de son contact avec l'air, et
s'y transforme en lamelles minces semi-transpa-
rentes, que l'abeille arrache avec ses pattes quand
elle reconnaît que leur consistance est suffisante,
et qu'elle emploie aux divers usages que nous avons
mentionnés.

Le pollen, toutefois, n'est pas uniquement destiné à cet usage. Après l'avoir avalé, comme nous
venons de le dire, pour servir à la production de
la cire, quelques abeilles paraissent avoir pour
fonction d'en tirer une préparation d'un usage
tout différent. A cet effet, elles le dégorgent, après
l'avoir converti, pendant un court espace de temps
de séjour dans l'estomac, en une espèce de bouillie
destinée à servir à l'alimentation des jeunes vers
qui doivent se transformer en abeilles. Elles ont
soin de mettre dans l'exécution de cette opération
une certaine graduation calculée sur les différents
âges et les différentes conditions de ces vers ; elles
ont même, à ce qu'il paraît, des procédés particuliers applicables aux larves de jeunes reines ; car
l'on a fait cette remarque que les vers de la classe
plébéienne qui, par hasard ou par l'effet de quelque malentendu, ont goûté de cette ambroisie ré-
servée pour la table des *infantes* du sang royal,
avaient quelques tendances à en revêtir les formes,
et finissaient par en acquérir les attributs. C'est un

fait curieux acquis à la science aujourd'hui, que les abeilles qui, par un fatal accident ou une maladie, ont été privées de leur reine, savent, en nourrissant des larves de l'espèce commune avec de la bouillie royale, transformer celles-ci en reines. Cette pratique, si étonnante à bon droit, a été mise hors de doute par les expériences de Schirach. Mais nous n'aborderons point pour le moment ce chapitre qui n'est pas le moins surprenant, à coup sûr, de l'histoire de nos abeilles ; nous ne pouvons qu'engager ceux de nos lecteurs qui seraient désireux d'étudier à fond ce curieux problème d'histoire naturelle, de consulter les ouvrages de Schirach, Huber, Réaumur, Swammerdam, Debauvoys, etc., qui tous se sont complu à relater avec force développements les remarquables expériences tentées à ce sujet par eux, ou par leurs prédécesseurs. Tout en rendant justice à la patience et à la sagacité de ces éminents observateurs, ils retrouveront avec ravissement la main de la Providence jusque dans les moindres détails de la vie de ce que nous appelons de chétifs insectes, devant lesquels nous passons avec indifférence, sinon avec mépris ; et, à coup sûr, ils ne regretteront pas le temps employé à cette étude.

Pour nous, qui avons pris à tâche de renfermer dans un cadre restreint la partie éminemment pratique de cette histoire, nous renvoyons au chapitre qui traitera des essains, tout ce qui nous reste à dire pour compléter, à ce point de vue, l'histoire naturelle des abeilles.

En attendant et par forme d'intermède, que le lecteur nous pardonne de sortir un instant de notre cadre, pour dire ici deux mots de l'instinct particulier à quelques-unes des espèces qui font partie de la famille naturelle des abeilles. Il rencontrera encore là un effet non moins remarquable de cette puissance créatrice qui semble s'être complue dans l'infinie variété de ses manifestations.

Parmi les espèces nombreuses d'abeilles (les entomologistes n'en comptaient pas moins de 150 à la fin du siècle dernier), nous distinguerons comme *tenant la corde*, quatre espèces recommandables entre toutes par leur industrie : l'abeille *Maçonne*, l'abeille *Découpeuse*, l'abeille *Amalthée*, l'abeille *Percebois*.

Cette dernière, pourvue de fortes mâchoires, avec lesquelles, ainsi que l'indique son nom, elle perce le bois pour y déposer ses œufs, fait choix d'ordinaire d'une pièce de bois sec, dans laquelle elle pratique, dans le sens de sa longueur, une série de tuyaux ou gaines parallèles, d'un centimètre environ de diamètre sur 30 de profondeur ; elle a soin de ménager dans cette sorte de boyau, plusieurs cellules à la suite les unes des autres, séparées par une mince cloison, formée des débris du bois qu'elle a tiré et qu'elle colle fortement ensemble à l'aide d'une liqueur visqueuse, après avoir déposé dans chacune d'elles un œuf et un peu d'une sorte de miellée, qui devra servir de nourriture à la larve, qui y subira sa métamorphose, jusqu'à sa sortie à l'état d'insecte parfait.

Pendant que celle-ci exerce son industrie sur le tronc de l'arbre qu'elle mine en tous sens, l'abeille Coupeuse en travaille les feuilles qu'elle découpe à belles dents en petits carrés pliés par elle ensuite artistement, de manière à leur donner la forme cylindrique d'un papyrus. Puis, après en avoir soigneusement scellé les deux bouts, à l'aide de deux rondelles de feuilles découpées avec la plus grande justesse, elle dispose, côte à côte, dans une cavité préalablement creusée dans la terre, plusieurs de ces cylindres dans chacun desquels elle a déposé un œuf et un peu de cette même pâte miellée dont elle a fait provision sur les fleurs du voisinage. La larve abandonnée à elle-même, comme dans le cas précédent, après s'être nourrie de la pâtée mise à sa disposition, se file une coque, dans laquelle elle se change en nymphe et en sort bientôt sous la forme d'abeille.

Mêmes soins, mêmes précautions pour l'abeille Maçonne, avec cette différence que celle-ci construit son nid contre un mur, à l'instar de celui de l'hirondelle, avec de la terre délayée à l'aide d'une liqueur gluante; elle dispose ainsi, 12 ou 15 loges à côté les unes des autres, ressemblant, dans leur agglomération intentionnellement irrégulière, à un petit amas de boue qu'on aurait jeté contre le mur.

L'abeille Amalthée, ainsi nommée, j'imagine,

parce que dans sa recherche des lieux élevés, on lui a trouvé quelques rapports avec les instincts sublimes de la nourrice du père des dieux,

Nutricis fertile cornu
Fecit, quod dominœ nunc quoque nomen habet.

OVID.

se trouve plus particulièrement à Cayenne ou à Surinam. Elle y vit en sociétés très-nombreuses, se construisant au sommet des arbres les plus élevés un nid dont la forme, rappelant celle d'une cornemuse, offre ordinairement de 50 à 60 centimètres de longueur, sur 20 à 30 de diamètre. En voyant ces nids, on les prendrait pour une motte de terre appliquée contre l'arbre. Ils renferment dans leur intérieur un grand nombre d'alvéoles contenant un miel très-doux, trés-fluide, dont les Indiens sont très-friands, et avec lequel ils fabriquent pour leurs jours de fête, une liqueur spiritueuse dont ils boivent jusqu'à l'ivresse. Ces cellules sont formées, comme celles de l'abeille domestique, d'une espèce de cire qu'ils emploient à fabriquer des bougies pour l'éclairage.

Ainsi, la nature prodigue à l'homme ses faveurs sous toutes les latitudes ; et notre ignorance seule a pu poser des limites à sa force productive, en osant lui dire dans ses étroites nomenclatures : « tu n'iras pas au-delà. »

CHAPITRE III

LA RUCHE

Qui donc l'offrira cette ruche modèle? personne jusqu'à présent ne l'a encore inventée. J'ajouterai même qu'il est impossible d'en trouver une qui soit parfaite sous tous les rapports.

De Frarière, *les Abeilles.*

Le premier homme qui eut l'idée de s'approprier le trésor laborieusement amassé par les abeilles, mit le feu à l'arbre qui recelait leurs travaux, et les fit périr pour s'emparer de leur miel sans avoir à redouter leurs piqûres. Devenu par la suite plus prévoyant et plus ménager de ses ressources, il renonça à sacrifier ainsi à l'aveugle sa poule aux œufs d'or, et conçut l'idée de les soumettre à sa domestication. L'idée lui vint de scier l'arbre où elles avaient établi leur domicile, et d'en transporter les tronçons près de sa demeure. C'est donc ce tronc primitif, lourd, informe, disgracieux et incommode à manier, qui a servi de point de départ à toutes les formes de ruches créées dans le but de le remplacer plus avantageusement, tout en l'imitant dans sa forme et ses dimensions.

Tous les systèmes de ruches ont été basés sur ce fait reconnu constant, que les abeilles cachent soigneusement leur provision de miel dans la partie de leur demeure la plus éloignée de l'entrée. Averties par leur instinct, elles se sont arrangées de façon que ce ne fût qu'après avoir traversé toute une population aguerrie et aux aguets, qu'un audacieux ennemi pût pénétrer vers ce trésor, mieux gardé, de fait, que les pommes d'or du jardin des Hespérides.

Mais tout ce luxe de précautions, tout ce redoublement de soins sont venus échouer devant le génie industrieux de l'homme, qui lui a fourni les moyens de s'en emparer à son gré, sans coup férir, et d'en jouir tout à son aise. De même que le prestige de la force individuelle, augmentée de l'impénétrabilité des armures des chevaliers du moyen-âge, a disparu au contact de la stratégie nouvelle inaugurée par l'invention de la poudre; ainsi, tous les dards empoisonnés de nos petits guerriers ailés, se sont trouvés réduits à l'impuissance devant l'esprit inventif de celui à qui Dieu a départi une partie de son empire sur tous les animaux.

Habile à vaincre toutes les difficultés, et à tourner les obstacles quand il ne peut les attaquer en

face, le ravisseur a su s'adresser de prime abord au
cœur de la forteresse. En mettant le feu à l'arbre pour
s'emparer du miel des abeilles, il n'a pas tardé à
s'apercevoir que celles-ci fuyaient instinctivement
devant la fumée de sa torche incendiaire. Cette remarque a été pour lui un trait de lumière : en lui
permettant de les mettre en fuite à sa volonté,
pour procéder à ses visites domiciliaires intéres-
sées, il ne s'est plus trouvé obligé de les détruire,
pour se rendre maître de leurs produits. Une fois
maître de la place, l'idée lui est venue de les interner dans des logements plus à sa convenance ; et
bientôt, sous l'impulsion de son esprit inventif,
le nombre et la forme des ruches s'est multiplié
et diversifié, selon ses idées de commodité plus
grande, et souvent selon son caprice.

Mon dessein n'est point, assurément, de passer
ici en revue la longue et fastidieuse nomenclature
de toutes les inventions, souvent plus compliquées
que commodes, dans lesquelles le génie de l'homme
s'est donné carrière, en adaptant aux ruches de
son invention les formes les plus variées et parfois
même les plus bizarres. Encore moins ai-je la
prétention, à l'instar des nombreux auteurs d'ouvrages écrits sur les abeilles, d'ajouter une nouvelle
ruche, naturellement encore plus perfectionnée,
à celles déjà si nombreuses qui ont été proposées.
Je viens tout simplement exposer avec candeur le
mode de procéder qui m'a paru offrir le plus d'a-
vantages et de commodité, pour les cas divers qui

peuvent se présenter dans l'exploitation rationnelle des abeilles, et les soins qu'il est convenable de leur donner pour les maintenir en bon état. Or, si une grande simplicité dans les procédés, une grande facilité dans l'exploitation, sont en quelque sorte la pierre de touche qui décide du mérite d'une ruche, je crois pouvoir offrir, tout au moins, dans celle que je recommande, la réunion de ces deux qualités essentielles.

Tous les auteurs qui se sont occupés de ce sujet, ont résumé les conditions exigées pour une bonne ruche, dans les deux points suivants :

1º Facilité d'accès de son intérieur, afin de pouvoir à volonté l'inspecter, la nettoyer, protéger les abeilles contre l'invasion de leurs ennemis naturels, et cueillir leurs produits sans les déranger de leurs travaux et les fatiguer par des procédés violents, ou même ceux dits anesthésiques, qui ne sont pas moins dangereux pour elles et surtout pour la reine, dont ils peuvent arrêter la ponte et quelquefois causer la perte.

En deuxième lieu, possibilité de rajeunir et de perpétuer en quelque sorte la ruche, en renouvelant périodiquement la cire des cellules qui ont servi à l'éclosion et qui, tapissées à chaque fois de nouvelles coques de soie filées par les larves des jeunes abeilles, vont ainsi toujours se rétrécissant, au grand détriment de l'espèce.

Au résumé, extrême simplicité et grande facilité dans le mode opératoire, tels sont les avantages

que je ne crains pas de promettre en toute assurance à ceux qui voudront adopter ma pratique,
tout en conciliant le bien-être et la prospérité des
abeilles qui, n'étant plus tourmentées périodiquement, prospéreront d'autant mieux qu'elles resteront livrées à leur instinct naturel.

La forme de ruche à laquelle, après bien des essais, je me suis définitivement arrêté, pl. 1 et 4,
se compose, à l'imitation de la colonne architectu-
rale, d'une base, d'un fût ou corps de ruche, divisé
lui-même par une cloison à claire-voie en deux
compartiments égaux, solidement reliés l'un à l'autre, et qui ne doivent être séparés qu'en de certaines circonstances exceptionnelles, qui seront indiquées en leur place ; et, en troisième lieu, d'un chapiteau terminé en forme de toit. Le tout bien mastiqué, construit en planches de sapin de deux à
trois centimètres d'épaisseur, peint à l'huile à
plusieurs couches, et placé sur un banc mobile
qui peut être à volonté avancé ou reculé, suivant
que les exigences du moment demandent que la
ruche soit exposée aux rayons du soleil ou tenue à
l'abri de sa trop vive influence.

Placée à cet effet au pied d'un grand arbre isolé,
ou entre deux arbres de moyenne hauteur, dans le
carrefour d'un bois, au pied d'un rocher ou à la
pénombre d'un buisson fleuri, elle peut tout à la
fois servir d'ornement, de décor de fabrique, comme
l'on dit en terme de peinture ; et, ce qui n'est pas
le moindre de ses avantages, sa position isolée et

accessible de tous les côtés, permet à l'apiculteur
d'exécuter, par derrière ou par flanc, telle opération
qu'il jugera convenable, sans déranger les abeilles
de leurs travaux, sans les inquiéter et sans danger
d'être inquiété par elles. L'accès facile qu'elle offre
à l'opérateur dans toutes ses parties, lui permet de
parer à tous les inconvénients, de prévenir ou de
réparer toute espèce de désastre, et d'utiliser enfin
toute la somme d'activité des abeilles en les débar-
rassant à volonté de leur trop-plein, et leur fournissant du vide pour se livrer sans désemparer à
de nouveaux travaux.

La forme de cette ruche, à la vérité, n'est pas
nouvelle, et l'idée de renfermer les abeilles dans
une maison en miniature a dû germer dans bien
des têtes ; puisque déjà l'on trouve dans Columelle,
qui écrivait il y a plus de dix-huit siècles, la description d'une ruche de ce genre. A ce titre, il est
peu d'inventeurs qui ne puissent à bon droit en
revendiquer une partie : qui, pour les cadres mobiles, qui pour le tiroir et pour les cases superposées. Elle rappelle même assez bien, il faut en convenir, au premier aspect, la ruche présentée par
M. de Frarière, sous le nom de ruche des jardins ;
mais après un plus ample examen, on ne tardera
pas à se convaincre qu'au fond elle en diffère nota-
blement par ses dimensions, par ses accessoires,
par ses conditions de mobilité, et surtout par le
mode d'opérer. Du reste, je le répète, je ne prétends point élever ici une question de priorité, et

je laisse volontiers à chacun son bien, pourvu qu'il veuille convenir que j'ai su en tirer un parti convenable.

Quoi qu'il en soit, en voici la description aussi claire et aussi succincte que possible. Accompagnée d'une projection linéaire, il sera difficile, ce me semble, de ne pas en saisir l'ensemble et l'usage.

La pièce principale, le corps de ruche, l'habitation proprement dite, les communs, le *Gynécée*, se compose de deux hausses ou boîtes carrées, fig. 1 bis, de 16 centimètres de hauteur, mesurant 33 centimètres sur chacune de leurs faces, en planches de sapin de 3 centimètres d'épaisseur, et offrant sur le rebord supérieur, fig. 2, une feuillure à mi-bois, dans laquelle sont assujettis sept liteaux de 24 millimètres de largeur sur 3 à 4 d'épaisseur. de telle sorte que chaque hausse, se trouvant séparée par un diaphragme à claire-voie, sur la face inférieure duquel sont implantés les rayons construits par les abeilles, peut être à volonté séparée sans rien déranger à l'économie de leurs travaux.

Sur l'une des faces de chaque hausse est ménagée une porte à charnière, fig. 3, et à recouvrement, entaillée à mi-bois sur les quatre côtés, afin de pouvoir être soigneusement juxtaposée partout et ne laisser pénétrer, par la moindre fissure, ni air, ni lumière qui puissent inquiéter les abeilles en leur donnant à craindre que quelque danger les

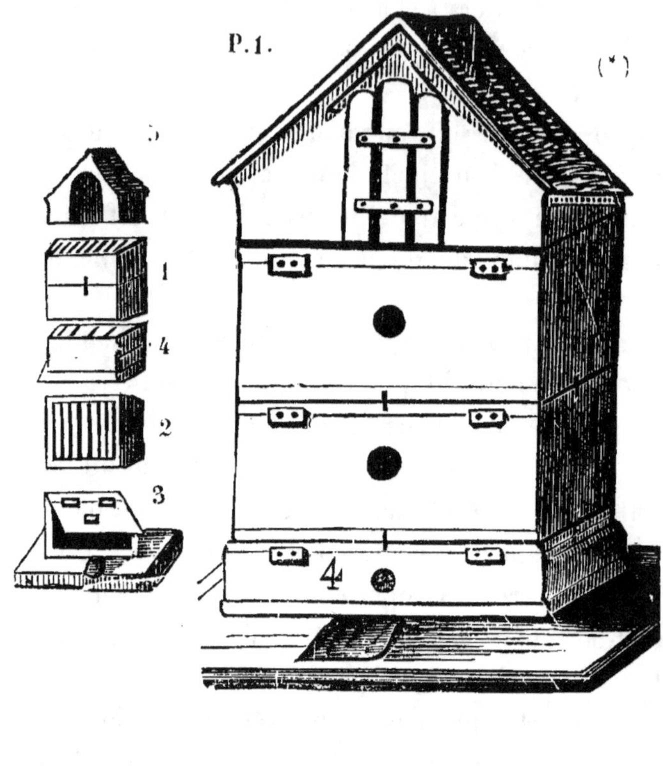

Échelle au 1/10 (1 millimètre pour 1 centimètre).

(*) *Nota.* — La ruche est représentée vue par derrière;
l'entrée qu'on y a fait figurer pour l'intelligence du texte
est ordinairement sur le côté opposé, qui fait face à la
campagne. L'apiculteur, lorsqu'il opère sur la ruche,
se trouve ainsi hors de la portée des abeilles, qui ne
sont point troublées par sa présence et ses diverses manipulations.

menace de ce côté. Pour ne pas ouvrir trop fréquemment cette porte et ne pas les inquiéter gra-
tuitement et les détourner de leurs travaux, on a
pratiqué au milieu de cette porte un trou rond de
3 cent. de diamètre, fermé par un fort bouchon de
liége hermétiquement appliqué dans toute l'épaisseur de la planche. Ce bouchon peut être tiré à volonté pour permettre d'appliquer l'œil à l'ouverture
afin de juger de l'avancement du travail dans ce compartiment, d'examiner les allées et venues des abeilles, et se rendre compte, d'un *coup-d'œil*, du bon ou
du mauvais état des affaires de la petite république,
qu'il est ainsi facile de surprendre sur le fait, sans
qu'elle s'en doute et sans qu'elle s'en inquiète. Ce
trou servira en outre à lancer de la fumée dans la
ruche et va mettre les abeilles en bruissement, de
manière à ne pas être inquiété par elles quand on
décolle la porte pour faire les opérations que l'on
juge convenables.

Dans le principe, afin d'éviter que les abeilles
vinssent à l'ouverture et ne me punissent de mon
indiscrétion, j'avais garni le dedans de cette
ouverture d'un petit treillis de fil de fer; mais
voyant que les abeilles, inquiètes de sa présence,
perdaient un temps considérable à le propoliser et
finissaient par en intercepter tous les interstices,
j'y ai renoncé; je me contente de tirer de loin en
loin le bouchon, de regarder vivement en le tenant
prêt à combler l'ouverture si les abeilles viennent
faire une reconnaissance de ce côté; et, si mon

inspection doit se prolonger, j'adapte provisoirement pendant sa durée un petit treillis de fer sur son ouverture extérieure, afin d'éviter tout danger (1). Je préfère de beaucoup ce petit appareil si simple aux panneaux vitrés généralement mis en usage et qui ont l'inconvénient de surprendre et de troubler les abeilles lorsqu'on vient à tirer le volet; on les voit alors se précipiter en émoi contre la vitre, à travers laquelle elles s'épuisent en efforts pour s'échapper; il en résulte nécessairement une grande confusion et le but de l'observateur se trouve manqué.

Les deux cases dont il est fait mention sont, du reste, assujetties l'une à l'autre par des crochets vissés, et tous les joints, comme je l'ai dit, soigneusement mastiqués en dedans et en dehors; ces deux cases ne devant être séparées que dans des circonstances particulières que j'indiquerai quand j'entrerai dans le détail du mode opératoire.

Bien que cette ruche offre* la facilité de pouvoir au besoin être séparée en plusieurs parties, elle présente néanmoins cet avantage, très-appréciable aux yeux des apiculteurs expérimentés, de ne faire intérieurement qu'un seul tout; les barreaux, aux-

______

(1) Ce trou sert encore de ventilateur. Lorsque, les ruches étant trop pleines, les abeilles se groupent en forts essaims, je découpe le bouchon sur ses côtés, de manière à laisser pénétrer l'air dans la ruche, sans que ces découpures puissent toutefois donner issue aux abeilles.

quels sont appendus les rayons dans chaque compartiment, laissant entre eux un intervalle calculé sur la largeur que donnent ordinairement les abeilles aux ruelles qui divisent leur habitation. La communication restant largement ouverte du haut en bas, elles sont ainsi à la fois partout, sans être séparées nulle part ; or, on sait qu'elles affectionnent particulièrement cette manière d'être et que, toutes choses égales d'ailleurs, elles prospèrent mieux dans une ruche d'une seule pièce, que dans des ruches où elles sont parquées dans des cases séparées. Ma ruche offre donc en pratique tous les avantages de celles-ci sans en avoir les inconvénients.

Ce corps de ruche, ai-je dit, est assujetti sur une base ou socle. Celui-ci n'est, à proprement parler, qu'une sorte de demi-case en tout semblable aux précédentes, sauf toutefois ses dimensions en hauteur, qui doivent être moindres de moitié. Il en diffère entre autres par sa condition de mobilité, ou en ce qu'il doit rester vide une grande partie de l'année, afin de permettre aux abeilles de circuler à l'aise ou de s'y grouper pour prendre leur repos dans les intervalles de leurs travaux. Il est de plus destiné à leur servir de magasin supplémentaire, et, en cas de disette, à offrir aux nécessiteuses des provisions de réserve au moyen du tiroir qu'il est facile d'y glisser, et à l'aide duquel on peut aisément se rendre compte de la consommation journalière et des besoins de la colonie. C'est là encore qu'elles aimeront à se livrer à des travaux supplémentaires pendant le temps où la sécheresse, ou des pluies diluviennes les condamnent à l'inaction. Ce travail ainsi exécuté dans leurs moments perdus, un bon apiculteur, en homme prévoyant, peut l'utiliser pour favoriser l'établissement de ses nouveaux essaims, alors que les moments sont précieux et que les abeilles ne sauraient trop s'empresser de mettre à profit les trésors prodigués par Flore, avant que les vents brûlants de l'été, en desséchant les fleurs, aient tari les sources de l'industrie mellifère.

Enfin, le tout est surmonté du toit ou chapiteau, qui forme tout à la fois le magasin et le couronnement de l'édifice (fig. 5). C'est là, dans ce lieu reculé, sorte de sanctuaire vénéré, et qu'on doit autant que possible s'étudier à leur laisser croire inviolable, que les abeilles se plaisent à emmagasiner leur miel. Lorsqu'elles sont assurées d'y trouver l'aisance et la sécurité, deux puissants mobiles pour elles d'activité, elles y travaillent avec une ardeur, un entrain dont rien ne peut donner l'idée.

> *Cecropias innatus apes amor urget habendi.*
>
> Virg.

> *Juvat si proprio condidit horreo*
> *Quidquid de Lybicis verritur areis.*
>
> Hor.

C'est pour cela que l'on ne saurait trop recommander que cet étage soit bien assujetti, mastiqué et luté avec un soin tout particulier ; que la porte

s'emboîte parfaitement et soit maintenue à vis de
pression et que l'on s'abstienne autant que possible
de les pourchasser dans ce lieu sans la plus absolue nécessité.

Nec res hunc teneræ non possent perferre laborem,
Si non tanta quies iret....

V. *Georg.*, II.

Il ne doit s'ouvrir que deux fois l'an : en automne, pour juger de la somme de leurs richesses,
et au printemps, pour s'approprier leur superflu, et
les exciter au travail en leur fournissant de l'espace
pour construire de nouveaux rayons.

J'ai dit, et je ne crains pas de me répéter,
que cet étage doit être soigneusement clos ; il
ne doit communiquer avec le dehors que par une
porte étroite parfaitement adaptée et solidement
assujettie ; je donne à cette porte 11 centimètres
de largeur sur une hauteur de 15 centimètres sur
les côtés et 18 au milieu. Destinée à permettre
l'inspection et la cueillette, elle sert encore à faciliter la manœuvre des cadres mobiles.

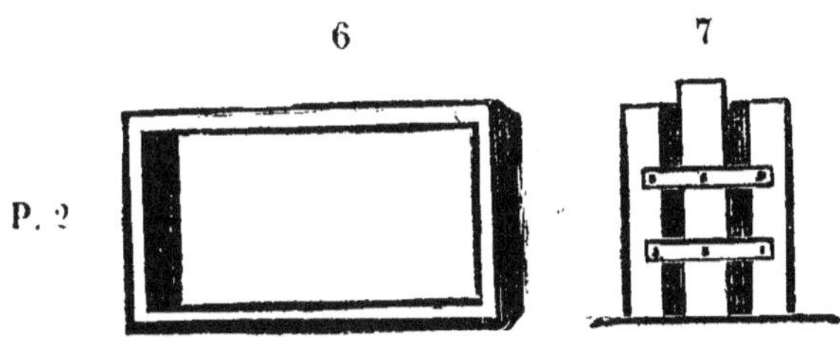

Ceux-ci (fig. 6 et 7), faits de liteaux de bois dur,
d'une épaisseur de 3 à 4 millimètres sur 25 de

largeur, sont montés carrément, de manière à en-
clore une surface de 15 centimètres en hauteur sur
27 de profondeur (mesure prise hors d'œuvre). Ils
sont réunis trois par trois, par de petites traverses
vissées, et assujettis dans cet ordre à l'aide d'un
ou plusieurs clous à vis fixés près du seuil de la
porte aux barreaux de la case supérieure, ou, si on
l'aime mieux, à une petite planchette à jour que
l'on fixe à la partie moyenne et inférieure du chapiteau, afin de pouvoir enlever tout d'une pièce le
chapiteau et les cadres, sans déranger en rien
ceux-ci. Ce point d'appui unique leur assure une
solidité suffisante et permet dans tous les cas de
rompre les adhérences à l'aide desquelles les abeilles les fixent aux parois de leur demeure. Dans le
but de faciliter cette manœuvre, je place deux traverses sur le devant des cadres, et une seule derrière, vers le milieu de la hauteur de ceux-ci, ce
qui permet de les faire basculer sur cette traverse,
de manière à rompre plus aisément les attaches
qu'elles ont plus particulièrement établies le long
des liteaux inférieurs des cadres. Afin de mieux
profiter de l'espace, je dispose dans le milieu de la
porte cintrée un cadre plus élevé que les deux autres de deux centimètres (soit 17 au lieu de 15).
Je trouve à cette inégalité de niveau cet avantage
d'empêcher les abeilles de disposer leurs rayons
diagonalement, en les forçant à les suspendre à la
face inférieure de chaque liteau formant le rebord
supérieur du cadre, et de les contraindre à les di-

riger ainsi parallèlement dans l'intérieur de chacun des cadres, ce qui, comme on sait, est le point
de mire ou la pierre philosophale des inventeurs
de ce procédé (1).

Ainsi assemblées, mes ruches sont assujetties
deux par deux, à l'aide de forts pitons, sur un banc
mobile formé d'un épais plateau de chêne (pl. 3)

(1) Si l'on craint de s'embrouiller dans cette manœuvre
des cadres, on peut parfaitement s'en passer et se contenter
de placer le chapiteau tel quel ; on peut même, si l'on
possède un rucher couvert, remplacer celui-ci par une
simple case ou demi-case recouverte d'une planche. Lorsqu'on veut faire la cueillette, on entr'ouvre la porte, on
chasse les abeilles avec la fumée, et on peut cueillir avec
le couteau recourbé un ou plusieurs rayons, ou enlever
l'étage en entier, que l'on replace après en avoir fait le
dépouillement tout à son aise.

de 85 centimètres de longueur sur 38 de largeur, pourvu, sur son rebord antérieur et supérieur, de deux entailles creusées en biseau pour donner entrée aux abeilles. De cette manière, l'entrée reste toujours la même, soit que l'on veuille faire des changements d'étages, ou que l'on mette ou supprime le socle qui habituellement les supporte ; et les vapeurs qui se résolvent en eau dans la ruche, peuvent s'échapper facilement au dehors sous cette forme par la déclivité de l'ouverture. On a soin, en avançant ou en retirant la ruche, de ne laisser qu'une ouverture suffisante pour le passage d'une abeille, tout en les tenant à l'abri de l'introduction de leurs ennemis ; une entaille de 8 à 10 centimètres de largeur sur 7 à 8 millimètres de hauteur est suffisante pour remplir ce double but.

Ce plateau est, en outre, traversé de part en part vers sa partie moyenne par un trou de tarière de 3 centimètres de diamètre, communiquant par deux encoches, taillées en biseau comme les précédentes, avec la ruche de droite et celle de gauche. Il résulte de cette disposition une espèce de galerie intermédiaire, laquelle, recouverte d'une planchette, reçoit en-dessous du banc un air frais destiné à renouveler celui des ruches, si vite corrompu dans les chaudes journées par la cohabitation d'un si grand nombre d'individus, réunis dans un espace aussi étroit. Cette facilité de renouvellement continu de la colonne d'air, jointe à la libre circulation de celui-ci tout autour des ruches, influe tellement sur le bien-être des abeilles, que l'on voit rarement aux abords des ruches ainsi aménagées de ces abeilles qui, à grand renfort d'ailes et de temps dépensé en pure perte, travaillent avec une ardeur digne d'un meilleur emploi, à cette ventilation que l'on voit se produire dans les ruches couvertes, et placées par suite d'une déplorable coutume au gros soleil de midi.

CHAPITRE IV

LE RUCHER

LE choix des lieux où l'on doit placer les abeilles n'est point sans importance. Où l'homme, dans son aveugle prévoyance, croit leur procurer l'aisance et le bien-être, ces insectes, dirigés à contresens de leur instinct naturel, languissent et finissent par périr. De là la nécessité d'étudier avant tout leurs mœurs, leurs coutumes, et de les mettre autant que possible dans des conditions semblables si l'on veut avoir pour soi les chances de réussite.

Principio sedes apibus statioque petenda.

Et d'abord, où voyons-nous qu'elles choisissent leur demeure lorsqu'elles sont abandonnées à leur instinct? Est-ce dans des endroits tournés vers un soleil torride, où elles puissent s'approprier sans en rien perdre toute la chaleur de cet astre lorsqu'il est sur l'horizon? Loin de là! C'est dans les sombres forêts, dans des anfractuosités de rocher qu'on les voit de préférence élire leur domicile.

> ..... *In secessu longo, sub rupe cavatâ,*
> *Arboribus clausi circum atque horrentibus umbris.*
>
> V. *En.* III.

Ennemies d'une trop grande lumière et des lieux agités par les vents, elles cherchent avant tout l'ombre des grands bois et la tranquillité des paisibles vallons.

C'est donc une coutume absurde, tout à fait contraire aux habitudes des abeilles et à leur bien-être que de placer, comme on le fait communément, leur demeure exposée au plein soleil de midi; mieux vaut pour elles une exposition mitigée, également à l'abri des vents (1) et des grandes chaleurs. On ne saurait trop le répéter, si l'on veut réussir dans l'art de soigner les abeilles, il

(1) *Quò neque sit ventis aditus.*

V.. IV.

faut autant que possible adopter la marche qu'elles suivent dans leur état de liberté. « Or, dit à ce sujet M. de Frarière, j'ai parcouru les bois à la recherche des essaims qui s'étaient logés dans des trous creusés par l'âge, et je puis dire n'avoir pas vu deux populations sur cent habiter dans des arbres frappés directement par les rayons du soleil. Dans une exposition de ce genre les essaims sont, à la vérité, tardifs et peu nombreux, mais l'apiculteur en sera amplement dédommagé par une abondante provision de miel.

Que les abeilles prospèrent mieux à l'ombre et dans les latitudes relativement froides, cela est mis hors de doute par la quantité de miel que l'on retire des pays montagneux et boisés, où les abeilles, engourdies par un froid constant, consomment généralement moins que dans nos latitudes tempérées où les gelées sont entremêlées de quelques beaux jours qui réveillent les abeilles de leur torpeur, et leur font consommer en hiver les provisions tenues en réserve pour les premiers jours du printemps.

« Dans les climats froids et tranquilles, dit le savant botaniste Gilibert (1), où de longues nuits étendent le règne des ténèbres et semblent empiéter sur le cours de la vie, l'immense quantité de cire qu'on retire des forêts offre à l'homme les moyens de subvenir au besoin plus fréquent et plus

____

(1) *Mémoire sur les forêts de la Lithuanie.*

urgent de s'éclairer. Par suite de cette économie de la nature, que l'on ne peut contempler sans éprouver le sentiment d'une vive et douce reconnaissance, les forêts des climats du nord offrent les suppléments des dons que la nature a prodigués aux contrées du midi.

« Presque tous les trous cariés des vieux arbres recèlent des essaims d'abeilles qui, chaque année, produisent une étonnante quantité de miel, dont les habitants savent composer une liqueur aussi agréable et aussi spiritueuse que les meilleurs vins d'Espagne et de Chypre. »

On a beaucoup vanté pour les ruches l'exposition au soleil levant. Les abeilles, a-t-on dit, placées à cette exposition, partent bien plus tôt à la picorée, tandis que les autres, n'effectuant leur tournée qu'après celles-ci, ne feront que glaner en quelque sorte les restes des premières. Or, pour éclaircir cette question, j'ai placé des ruches à toutes les expositions, et je me suis convaincu qu'il n'y avait rien de réel dans cette assertion. Les abeilles des ruches non exposées aux rayons du soleil levant partent tout aussitôt que les autres et ne s'en retournent pas moins chargées. J'ai même constamment trouvé le miel plus abondant, plus beau dans mes ruches tournées au couchant et abritées contre l'ardeur du soleil par le feuillage épais d'arbres toujours verts, que dans celles comparativement mieux exposées. Mais il y a plus, et j'ai cru trouver

à l'exposition directe du levant de tels désavan-
tages, que j'ai depuis soustrait invariablement
mes ruches à cette direction, ayant remarqué
qu'excitées par les rayons encore douteux d'un soleil de printemps, elles partaient souvent beaucoup trop tôt avant que le soleil ait eu le temps de
dissiper la fraîcheur souvent glaciale de l'atmosphère ; ou bien que, rentrant le soir lorsque déjà,
par suite de l'abaissement du soleil sur l'horizon,
un froid vif commence à se faire sentir, elles trouvent l'entrée de leur ruche à l'ombre ; et, pour peu
qu'elles hésitent alors d'en gagner l'intérieur, le
moindre repos sur le tablier ou aux alentours leur
devient fatal; elles s'engourdissent ; et l'on ne tarde
pas à voir tout autour la terre jonchée d'abeilles
mortes ou mourantes, les cuisses toutes chargées
du pollen nouveau à la récolte duquel elles se sont
trop attardées (1).

> *Et dulces animos plena ad præsepia reddunt.*

J'ai vu des ruches presque entièrement dépeu-
plées ou restées faibles et languissantes pendant
tout le restant de la saison par suite de cette fatale
circonstance, chose que je n'ai jamais vue, ou du

---

(1) S'il ne s'est pas écoulé un trop long intervalle depuis leur asphyxie par le froid, vous pourriez, en les sou-
mettant à une douce chaleur, les faire revenir à la vie.
J'en ai ainsi ressuscité bon nombre après plusieurs heures
et quelquefois une nuit entière de mort apparente.

moins très-rarement remarquée pour les ruches tournées au midi ou au soleil couchant (1).

C'est sans doute pour concilier toutes ces exigences que les apiculteurs expérimentés recommandent tant pour les ruches l'exposition mixte ou au *soleil de dix heures*, c'est-à-dire qu'elles soient tournées de façon à ce que le soleil donne sur l'entrée lorsqu'il a atteint déjà une certaine hauteur sur l'horizon et assez échauffé l'air ambiant pour que les abeilles, que l'éclat de ses rayons engage à se lancer au dehors, ne soient point saisies par le froid et engourdies avant d'avoir pu regagner assez tôt leur demeure.

Avec mon système de ruches, placées deux par deux à l'ombre mitigée de deux arbres de moyenne croissance, les abeilles n'ont à redouter aucun de ces inconvénients. Isolées de toute part, jouissant du soleil tant qu'il est sur l'horizon, dans la saison où les arbres encore privés de leur feuillage ne peuvent mettre nul obstacle à ses rayons bienfaisants ; à l'abri l'été des grands vents qui les tourmentent et d'un soleil ardent qui les presse ; rafraîchies par l'ombre et par l'air qui circule tout

____

(1) C'est pour parer à cet inconvénient, si l'on persiste à avoir un rucher couvert tourné au midi, qu'il est de bonne précaution de tendre au-devant des ruches un paillasson qui les garantisse des rayons du soleil d'hiver, qui les éveille prématurément, et du soleil d'été, qui les presse et les tourmente.

autour d'elles, elles s'y plaisent et prospèrent à
souhait. Combien de fois, dans mes promenades,
n'ai-je pas été à même de constater la différence
existant entre elles et celles de ruchers couverts et
exposés à toute l'ardeur du soleil de midi, suivant
les errements vulgaires ! Tandis que celles-ci obligées de se multiplier, s'établissent sur plusieurs
rangs au-devant de l'entrée de leur demeure, et
s'escriment à faire pénétrer à grand renfort d'ailes
un peu d'air frais pour renouveler celui de la ruche,
devenue inhabitable sous le coup d'une chaleur
tropicale ; on voit celles-là aller et venir comme à
l'ordinaire, et continuer, en dépit de la chaleur,
leurs utiles travaux.

Il faut bien convenir aussi que le petit appareil
servant d'appel d'air frais, pris au-dessous du tablier, leur épargne beaucoup de ce travail. Quoiqu'il en soit, constatons pour ces dernières une
apparence de bien-être, qui, jointe à une économie
réalisée sur un travail purement improductif, ne
peut que se traduire en bénéfice d'autre part. Joignez à cela la facilité d'ajouter à volonté des étages
vides qui serviront tout à la fois de réservoir d'air
et d'espace, où les abeilles rentrant des champs
peuvent se suspendre en grappe, ainsi qu'elles se
plaisent à le faire, et se délasser tout à leur aise,
sans encombrer et sans asphyxier par leur nombre celles qui vaquent aux travaux de l'intérieur.

Enfin, et pour dernier avantage, nous trouvons
encore, dans cette disposition isolée des ruches, un

moyen de prévenir le pillage si commun dans les premiers jours du printemps ; lorsqu'un soleil chaud et serein luit sur une terre toute dépourvue encore de verdure et de fleurs ; et celui plus redoutable peut-être qui menace les ruches tournées au midi, dans les étés torrides, où tout a été desséché par des vents brûlants et sans pluie.

Ceux-là seuls qui l'ont éprouvé peuvent se faire une idée des désastres que peut amener, dans des ruchers jusque-là florissants, cet atroce fléau. Une fois le pillage commencé, si vous ne vous hâtez d'y porter remède, votre rucher entier est exposé à périr. Affriandées par l'odeur du miel fermentant sous le coup du soleil qui frappe en plein les ruches, pressées d'ailleurs par le besoin — *malè suada fames,* — les abeilles affamées se jettent tête baissée sur les ruches devenues le point de mire de leur convoitise. En vain les assiégés surpris déploient un courage *surhumain* et se multiplient pour arrêter le flot toujours croissant de leurs assaillants ; un combat acharné et mortel s'engage sur toute la ligne ; tout autour du rucher, vainqueurs et vaincus tombent pêle-mêle et recouvrent au loin la terre de leurs cadavres pressés ; puis, hélas !

« Le combat finissant faute de combattants, »

il ne reste plus dans ce rucher, qui faisait votre joie, que ruches pillées et abandonnées, ou des populations décimées et réduites à une triste impuissance.

> ..... *En quò discordia cives*
> *Produxit miseros!,....*
>   V., *Eclog.*, 1.

En adoptant mon procédé, cet inconvénient n'existe pas, ou tout au moins il peut être combattu avec des chances de succès. En premier lieu, mes ruches, mises à l'abri de l'exposition à un soleil trop brûlant, sont moins exposées à laisser transpirer au dehors cette odeur de miel qui fait venir l'eau à la bouche de toutes les abeilles faméliques, en les conviant en quelque sorte au pillage, comme Annibal montrant du haut des Alpes, à ses soldats affamés, les riches plaines de l'Italie. Puis l'isolement des ruches, permettant de faire en quelque sorte la part du feu, donne une grande facilité pour en limiter les ravages. Enfin, à l'aide de quelques petits changements ou additions, que j'indiquerai en temps et lieu, il sera toujours possible de conjurer le fléau, ou tout au moins d'en réduire considérablement l'importance.

Ainsi distribuées par petits groupes dans votre enclos, vos ruches ayant chacune leur sphère d'activité, ne seront plus tentées de s'attaquer ou de se piller les unes les autres. Rien ne vous empêchera même de faire montre de goût dans leur arrangement, et de les faire servir à embellir et égayer le paysage. Soit que vous vous plaisiez à les grouper comme de petits villages lilliputiens dans le recoin ombragé d'une baie de gazon ; soit que vous les disséminiez comme autant de chalets en miniature le long des allées sinueuses de vos bosquets fleuris, elles sembleront coquettement placées là « pour le plaisir des yeux. »

> Vous marchez, vos trésors, vos plaisirs sont partout ;
> Elles animent tout: vos arbres, vos bosquets
> Dès lors ne seront plus ni déserts, ni muets....
> Par eux l'œil est charmé, la campagne est vivante....
>
> DELILLE, *Jardins*, II.

Souvent, paresseusement assis sur le banc rustique qu'une main prévoyante aura placé près de leur demeure, un doux sommeil amené par le chassé-croisé monotone des abeilles rentrant de la picorée, et des bourdons se prélassant au soleil dans les plus chaudes heures du jour, viendra vous surprendre au milieu de vos rêveuses contemplations :

> *Hinc tibi, quæ semper vicino ab limite sæpes*
> *Hyblæis apibus florem depasta salicti,*
> *Sæpe levi somnum suadebit inire susurro* (1).
>
> V., *Eclog.*, I.

Puisque les abeilles peuvent contribuer ainsi de

______

(1) Là, nul bruit ne s'élève,
     Bruit qui fasse penser ;
     On peut finir son rêve,
     Et le recommencer,

> LAMARTINE, *Saint-Point*.

toute manière à accroître la somme de vos jouissances, faites donc, vous aussi, quelque chose pour
elles. Augmentez autant qu'il est en vous et assu-
rez leur le bien-être. Plantez autour de leur habitation, avec les arbres qui leur fourniront la cire et
la propolis, des herbes odoriférantes où elles puissent, à temps perdu, aller butiner, comme à portée
de la main, leur miel chéri, quand le temps incer-
tain les retient au logis, peu soucieuses de se ha-
sarder au loin, au péril de voir leurs ailes brisées
par l'ouragan.

> *Hæc circum casiæ virides et olentia latè*
> *Serpylla, cytisum lotosque frequentes.*

Qu'un petit ruisseau, s'il est possible, entre-
coupé de petits rochers servant de promontoires
avancés, de quelques branches jetées en travers en
guise de ponts, leur prête du secours pour pouvoir à loisir étancher leur soif.

> Tout autour du rucher, l'ombre, les frais ruisseaux,
> Roulant sur des cailloux leurs diligentes eaux ;
> La saussaie encor fraîche et de pluie arrosée ;
> L'herbe où tremblent encor les gouttes de rosée...(1)
>   DELILLE. *Jardins* v.

Que si vous ne pouvez disposer d'une eau cou-
rante, eh bien ! creusez dans leur voisinage une

______

(1) *At liquidi fontes et stagna virentia musco*
    Adsint, et tenuis, fugiens per gramina, rivus.
                        V., *G.*, IV.

petite flaque d'eau bordée de jonc ou de cresson aquatique ; les abeilles sont peu difficiles, et l'on remarque qu'elles préfèrent l'eau saumâtre des mares aux eaux vives des ruisseaux. Si tous ces moyens vous manquent, vous pouvez établir presque sans frais une source artificielle au moyen d'un tonneau placé sur son fond et auquel vous pratiquez, avec une vrille, un petit trou par lequel l'eau s'échappant, viendra tomber goutte à goutte sur un petit amas de mousse. Tout est bien qui finit bien. Rien ne vous doit être indifférent de ce qui peut contribuer à la prospérité de ces hôtes diligents qui vous céderont, en guise de tribut, leurs rayons d'or croulant sous le poids d'un miel délicieux.

Les arbres dont votre jardin est parsemé, les bosquets d'arbrisseaux disposés par groupes et à l'abri desquels vous placez vos ruches, auront encore cet avantage de solliciter les essaims voyageurs de se suspendre à leurs rameaux avant de gagner le large. Plus d'une fois, en me promenant dans mon enclos, il m'est arrivé de trouver, suspendues aux branches d'un poirier en quenouille, des essaims qui eussent été perdus pour moi s'il ne se fût trouvé, comme un fait exprès, un arbre à leur portée pour y faire la sieste et reprendre des forces avant d'entreprendre leur grand voyage. A plus forte raison lorsqu'on assiste au départ de l'essaim, on l'a bien vite décidé à se poser dans un lieu dont le séjour lui plaît ; aussi est-il reconnu que l'on

perd beaucoup moins d'essaims quand les ruches
sont placées dans un jardin planté d'arbres,

Invitent croceis halantes floribus horti !

Voici bien des recommandations qui concernent
les ruches lorsqu'on n'a pour l'emplacement que
l'embarras du choix ; mais si vous n'avez qu'un
petit jardin, qu'une cour, votre embarras deviendra plus grand et vous devrez redoubler de surveillance. Il peut se présenter même des inconvénients d'un ordre bien plus grave, si votre enclos
est situé près des villes où s'exercent des indus-
tries qui ont quelque rapport avec celle des abeilles.
Les épiciers, les confiseurs auront souvent maille à
à partir avec elles. Affriandées par l'odeur qui
s'exhale des raffineries, des sirops et des confitures, vos malheureuses abeilles iront se noyer par
milliers dans les pots et les bassines. En vain, on
tiendra porte close, elles se précipiteront à l'assaut
par toutes les ouvertures béantes.

Naturam expellas furcâ, tamen usquè recurret,

et bientôt cette fantaisie prendra les proportions
d'un véritable désastre. C'est ainsi que j'ai vu dis-
paraître un rucher qui faisait à bon droit l'orgueil
de son maître.

L'habile apiculteur Baudet, auteur d'un procédé
d'exploitation des abeilles fort remarquable, avait
établi, non loin de la clôture du parc de la Tête-
d'Or, un rucher modèle qui, pendant quelque

temps, réussit à merveille et faisait l'admiration des nombreux promeneurs qui fréquentent cette magnifique promenade. Tout alla bien jusqu'à l'établissement, dans le voisinage, d'une fabrique de sirops que les abeilles, avec leur instinct de découverte, ne furent pas des dernières à achalander. Peu soucieux de cette clientèle importune, l'industriel actionne le propriétaire du rucher ; celui-ci, par amiable composition, s'offre à faire garnir, à ses frais, les fenêtres de toiles métalliques : mais,

Quò non deniquè cogis mellis sacra fames ?

mises d'abord à la porte et jetées plus tard par les fenêtres, nos gourmandes incorrigibles s'introduisent par les cheminées. Force fut donc au malheureux apiculteur de transporter ailleurs son rucher qui, privé des soins assidus qui en assuraient la prospérité, et transporté dans un moment inopportun a fini d'une façon tout à fait déplorable.

Illum etiam lauri, etiam flevere myricæ.

Tous les amateurs ont partagé les légitimes regrets du propriétaire, et j'y ai pris pour mon compte une part des plus sympathiques.

CHAPITRE V

LA MÉTHODE

Illum adeò placuisse apibus mirabere morem.
V.

.... La vie est un terrain sauvage :
Le germe du succès n'y croît point au hasard :
Enfant de la nature, il demande un peu d'art.

DELILLE. *Imagin.*, VI.

CELUI qui entreprend d'écrire les annales d'une nation, avec toute l'exactitude qui caractérise un historien, étudie premièrement les mœurs, les lois et les coutumes du peuple qu'il veut dépeindre et qu'il prend, pour ainsi dire, à son enfance. Personne, par exemple, ne croirait pouvoir se dispenser, écrivant, après Tite Live, l'histoire de Rome, d'y faire figurer la louve traditionnelle et ses deux sauvages nourrissons, *undè Latium ferox.* — Il n'est pas jusqu'à l'historien inspiré du peuple juif, ce peuple exceptionnellement choisi par Dieu, et répondant, il faut l'avouer, si mal à cette affection. qui ne nous offre aussi son berceau abandonné sur le Nil, et la mère et la sœur suivant d'un œil anxieux,

> Cette nef à leur cœur si chère,

fragile esquif qui contenait, sous sa frêle enveloppe de joncs, le législateur futur et le fondateur d'un empire théocratique unique dans les fastes du monde.

Ainsi, toutefois, — *Si parva valent componere magnis,* — afin de mieux saisir le mobile et l'ensemble des travaux de notre petit peuple ailé, je commencerai le chapitre par l'historique de l'établissement même des abeilles dans une ruche : — *novæ exsequar cunabula gentis.*

Je supposerai donc, si vous le voulez bien, qu'à l'exemple de Romulus venant de fonder sa ville(1), vous avez une ruche toute prête ; — elle est vide, — vous en avez fait un asile, un lieu d'élection (2), — et que, cédant à cette *great attraction,* un essaim d'abeilles, — *Ausonii, Troja gens missa coloni ,* — vient de s'y fixer à l'instant.

Etablies dans une ruche, dans un tronc d'arbre, ou simplement dans un creux de rocher, la première occupation des abeilles est d'en boucher, en

______

(1) *Romulus imaginem urbis magis quam urbem fecerat.*
(2) *Asilum fecit....* TIT., liv. I.

premier lieu, les moindres anfructuosités avec une matière tenace et gluante, qui, de molle qu'elle était, ne tarde pas à durcir et à prendre une consistance très-solide. C'est ce qu'on nomme *propolis*, mot grec qui signifie *fauxbourg*. Et, en effet, l'ensemble des gâteaux et des cellules constituant proprement la ville, la propolis en forme, en quelque sorte, les remparts et les ouvrages avancés.

A peine les ouvrages extérieurs sont-ils finis ou prêts de l'être, que déjà nos abeilles se mettent à construire les rayons ou gâteaux. Ce sont des espèces de plans de cire sur lesquels, des deux côtés, sont construites de petites loges héxagones, de même matière, auxquelles on donne le nom de cellules. Les gâteaux, qui résultent de leur ensemble, sont attachés au haut de la ruche, d'où ils descendent parallèlement, ne laissant entre eux qu'un étroit passage, soutenus qu'ils sont, de distance en distance, par des traverses également en cire.

C'est pour épargner aux abeilles domestiques ce travail long et en pure perte, que l'on a soin d'ordinaire de garnir la ruche de bâtons ou traverses, posées horizontalement, qui soutiennent les rayons et les empêchent de se rompre sous leur propre poids, augmenté de celui des provisions qui y seront emmagasinées.

Chacune des cellules, dont l'ensemble constitue le gâteau, est fournie de trois pièces qui font partie des bases des cellules de l'autre face de ce gâteau.

L'épaisseur de chacun de ces rayons est de **26** millimètres ; la profondeur de chaque cellule de **13**
millimètres, et sa largeur est de **5**.

Outre les cellules destinées à recevoir les larves
des ouvrières, il s'en trouve quelques-unes plus
grandes, consacrées aux mâles ; enfin, quelques
autres, en très-petit nombre, distinguées par leur
forme arrondie et oblongue, d'une architecture
toute particulière, épaisses et solidement fixées au
bord libre de l'un des rayons, comme autant de petits glands guillochés avec art, sont réservées aux
larves des femelles ou reines.

Toutes les cellules que nous venons de décrire,
à part celles des reines, sont destinées à deux usages ; elles servent en premier lieu de berceau aux
larves, qui doivent se changer en abeilles, et sont
utilisées plus tard pour y déposer le miel et le pollen. La cire dont elles sont formées est blanche
lorsqu'elle vient d'être fabriquée ; elle jaunit par le
temps et par le soin que prennent les abeilles de
l'enduire d'une sorte de vernis de cette couleur et
finit par prendre, lorsqu'elle est ancienne, une
couleur brune tirant sur le noir.

L'activité que les abeilles déploient en construisant ces ouvrages est vraiment merveilleuse. A
peine l'essaim est-il installé dans la ruche, que déjà
trois rayons sont établis au centre et dans le haut ;
ces rayons sont continués parallèlement et sans relâche avec un tel entrain, qu'au bout de **48** heures
ils atteignent déjà une longueur de **20** centimètres.

Vers le sixième jour, plusieurs rayons parallèles ayant été ajoutés aux premiers, et la construction générale étant déjà fort avancée, la reine commence sa ponte.

Empressée de remplir sa tâche, elle va de cellules en cellules déposant, au fond de chacune d'elles, un œuf, souvent même sans attendre que la cellule soit terminée. Elle est assistée, dans cette partie de sa tâche, par un grand nombre d'ouvrières qui accompagnent partout ses pas et s'empressent d'achever les cellules, au fur et à mesure que la reine lui a confié son premier dépôt, tandis que d'autres travaillent, avec non moins d'ardeur, à en construire de nouvelles.

Une reine pond communément de deux à trois cents œufs par jour. Le moment de la grande ponte dure jusqu'à la fin de juin. Après cette époque, elle se ralentit, quoiqu'elle n'en continue pas moins jusqu'aux premiers froids de l'automne ; elle se poursuit même pendant l'hiver, lorsque cette saison n'est pas trop rude ; mais l'éclosion de ces derniers œufs est suspendue, comme, en général, toutes les opérations de la nature, pendant la froide saison, jusqu'à ce que le printemps vienne, avec son cortége de tièdes zéphirs, lui redonner une impulsion nouvelle.

C'est ainsi que par la ponte de cette unique reine, abstraction faite des essaims qui s'en seront séparés pour aller fonder d'autres établissements, la ruche se trouve sans cesse renouvelée.

At genus immortale manet, multosque per annos,
Stat fortuna domûs, et avi numerantur avorum.

V.

C'est donc bien là vraiment la ville éternelle pour dernier terme de comparaison avec celle à laquelle nous l'avons assimilée en commençant.

La quantité de jeunes abeilles que la reine peut produire par cette ponte incessante est vraiment prodigieuse, puisque on ne l'estime pas en moyenne à moins de 60,000 pour toute la durée de la saison (1). La ponte seule des poissons nous offre quelque chose de semblable ; mais, quelle différence au fond dans cette sorte de maternité en bloc ! Tandis que ceux-ci abandonnent au hasard, et livrent à la merci des vents et de la marée une postérité

(1) Quelque considérable que nous paraisse cette fécondité, elle pâlit au point de n'être plus qu'un simple crépuscule auprès de celle des *entomostracés*, groupe de crustacés que Linné a confondus avec les monocles et qui a été étudié dans ces derniers temps par le naturaliste Genevois Jussieu qui porte, par un calcul modéré, à près de cinq milliards le résultat des pontes d'une seule femelle dans une année. C'est à la prodigieuse fécondité de cet animalcule que l'on doit de voir des mares en être tout à coup remplies, au point de prendre une teinte rouge très-prononcée, due à la présence de ces petits êtres.

Bory St-Vincent, *Encyclop. moderne*, t. xiv, 195.

dont ils semblent avoir hâte de se débarrasser, nous allons retrouver chez nos abeilles une série de soins et une prévoyance véritablement maternelle.

Quatre à cinq jours après la ponte, il sort de l'œuf fixé au fond de la cellule, une petite larve blanche, et sans pattes, qui, soignée et nourrie avec un zèle admirable par les abeilles nourricières, grossit rapidement ; puis, lorsqu'elle a atteint son entier développement, se file une enveloppe soyeuse, dans laquelle elle va tranquillement achever sa métamorphose de chrysalide. En cet état, elle est vraiment curieuse à voir. Blanche, svelte et délicate de forme, au lieu de ce ver nu et hideux, qui rampait tristement dans son étroite prison, on dirait une jeune Willis, mystérieusement drapée dans son suaire, attendant le coup de baguette magique qui doit la rendre à la lumière.

Enfin, le moment est venu, et vers le vingt-unième jour, la jeune nymphe, arrivée au terme de ses épreuves, brise son enveloppe fragile et, après quelques moments d'hésitation et comme d'apprentissage de sa nouvelle vie, s'élance résolument dans les airs. Puis, ses ébats terminés, elle vient pleine d'ardeur prendre sa part des travaux communs.

Chaque jour il naît ainsi dans la ruche plusieurs centaines d'abeilles. A mesure que la terre se couvre de fleurs sous les pas du soleil, dont le cercle grandit à l'horizon, le nombre des butineuses semble s'accroître dans la même proportion.

Déjà, dans les plus belles heures du jour, la phalange joyeuse des jeunes abeilles sort de l'habitation et se balance en bourdonnant au-devant de la ruche, en formant ce que les apiculteurs nomment un *soleil d'artifice*. C'est l'indice de la sortie prochaine d'un essaim.

Bientôt, par une belle journée, une chaleur accablante rendant le dedans de la ruche insupportable, il s'en sépare une colonie qui part, avec toute l'insouciance de la jeunesse, à la recherche d'une nouvelle patrie.

> . . . . *Alios soles aliosque penates,*
> *Jam per rupes. . . . . . lucosque sonantes*
> *Ire libet. . . .*   Virg., *Eclog.*, x.

En tête de l'expédition marche la reine, la joie, l'orgueil et l'espoir de la colonie. Les observateurs affirment que c'est la mère du peuple, — la reine douairière — qui se dévoue généreusement pour l'établissement de sa progéniture, abandonnant sans sourciller sa résidence bien-aimée et le berceau de toute sa famille pour courir les chances incertaines d'un nouvel établissement. Aussi les jeunes abeilles lui payent-elles en attachement et en prévenances de tout genre le prix de ce sacrifice. Tant qu'elles possèdent cette reine, objet de leur amour, on les voit aller et venir joyeuses, alertes et gorgées de butin. Viennent-elles à la perdre par accident ou par suite de quelque maladie, tout languit, tout s'arrête (1),

« Plus d'amour, partant plus de joie, »

et l'essaim découragé et privé désormais de tout moyen de réparer ses pertes, ne tarde pas à périr misérablement, si on ne se hâte de lui donner une autre reine ou du couvain nouveau avec lequel il puisse s'en créer une.

Inexorable logique de la nature! Ces abeilles que nous avons admirées dans les soins qu'elles prodiguent à leurs petits, sacrifient sans pitié ceux d'entre eux qui pourraient être une charge sans compensation pour l'état. Malheur donc, trois fois malheur aux abeilles nées avec une imperfection physique qui pourrait nuire à leur destination future ; elles seront impitoyablement entraînées hors de la ruche et jetées à la voirie. Quoiqu'il puisse nous en coûter de retracer chez ces petits êtres si infatigables, si dévoués pour le bien public, de ces actes de cruauté froide et égoïste que mettait en pratique la civilisation romaine, enregistrons néanmoins ce fait de plus à ajouter à ceux que nous avons rapportés touchant les actes réfléchis qui prouvent que les abeilles savent au besoin s'élever au-dessus du cercle routinier de l'instinct.

(1) *Illæ pedibus connexæ ad limina pendent,*
   Aut intus clausis cunctantur in œdibus omnes
   Ignavæque fame et contracto frigore pigræ.

Ces mêmes abeilles qui choient tant et si bien celles qui ont la fonction de propager leur race, savent parfaitement, à l'occasion, faire taire leurs sentiments, et ne craignent pas de percer de leur dard mortel ces jeunes reines qu'elles ont élevées avec un soin tout particulier, quand leur nombre, s'augmentant au-delà d'une certaine proportion, pourrait nuire au bien général, soit en multipliant trop les émigrations, soit que celles-ci fussent devenues inopportunes par l'inclémence du temps; soit enfin que la présence de toutes ces jeunes *premières* allume et entretienne des scènes de jalousie de nature à troubler le bon ordre dans la communauté.

Fermons bien vite les yeux sur ces scènes imposées par la loi qui préside à la conservation de l'espèce, et abandonnons pour quelques instants, si vous le voulez bien, la nouvelle colonie à ses destinées; puissent les vents lui être prospères, et puisse-t-elle enfin trouver dans sa nouvelle patrie l'abondance et la quiétude de celle qu'elle a quittée !

Désormais rendues au calme de l'intérieur, nous allons voir nos petites citoyennes, gardiens fidèles des pénates de la mère-ruche, fermer le temple de Janus et s'occuper uniquement à amasser d'amples provisions pour parer aux jours de disette qui s'approchent.

Les jeunes abeilles n'ont pas plus tôt abandonné leurs berceaux, que ceux-ci sont remplis de miel et de cette espèce de pâte molle et colorée nommée par les anciens cire brute, par les modernes pollen, et qui est, à proprement parler, le pain des abeilles. Cette substance paraît en effet tellement indispensable à leur bien-être, que celles auxquelles on l'a soustraite, ou qui en ont été privées par accident ou par suite d'avarie, ne tardent pas à tomber malades et à dépérir, bien qu'elles aient du miel en abondance pour leur nourriture.

Quoi qu'il en soit, les abeilles ont toujours la sage prévoyance de déposer leurs provisions dans les cellules le plus à la portée du lieu où elles séjourneront l'hiver, c'est-à-dire au centre de la ruche. Si d'aventure, dans le moment de la grande ponte, elles se trouvent dans la nécessité d'entreposer le miel dans les cellules du bas, elles ont bien soin de le remonter dans le centre dès que les cellules de ce compartiment sont devenues disponibles. C'est un soin auquel l'abeille toujours active aime à se livrer durant les loisirs forcés des temps pluvieux, ou lorsque les premières fraîcheurs de l'automne viennent lui annoncer qu'il est temps de se précautionner sérieusement contre l'hiver qui s'annonce. C'est alors qu'on leur voit déployer cet admirable instinct qui leur fait prévoir tous les dangers qu'elles pourront encourir durant cette longue et pénible saison ; qu'elles assurent la solidité de leurs édifices par des travaux de reprises, et qu'elles scellent avec une inébranlable fixité les fondements de leur demeure pour la mettre en état

de résister aux pluies diluviennes de l'automne et à
la fureur des vents d'autan. Aussi, tandis que la
plupart des animaux vivant au jour le jour errent
tristement à l'aventure, en quête d'une nourriture
problématique, l'abeille, chaudement renfermée
dans sa demeure bien close, goûte en paix le fruit
de sa prévoyance.

> *At secura quies et nescia fallere vita,*
> *Dives operum variarum....*
>
> *Nec timuit præcipitem Africum*
> *Nec tristes Hyades, nec rabiem Noti.*

Mais il est des circonstances fâcheuses qui ont
pu mettre en défaut leur prévoyance : de grandes
pluies, de grands vents, des froids précoces les
auront mises en retard pour la récolte et seront
venus les troubler dans leurs derniers arrange-
ments. Un apiculteur prudent ne s'est pas laissé
surprendre, et, dès les derniers jours de l'automne
il a dû inspecter les provisions et marquer les ruches faibles qui pourront avoir besoin de son aide.
Or, il faut savoir que pendant les étés secs et les au-
tomnes venteux ou trop pluvieux, les abeilles consomment en premier lieu les provisions qu'elles
avaient déposées dans le haut de la ruche, réservant celles du centre pour le moment où, engourdies par le froid, elles n'ont que la force nécessaire
pour plonger à faible distance leur langue dans les
cellules voisines du lieu où elles s'entassent pour

maintenir le degré de chaleur nécessaire à leur existence.

Avec nos ruches, rien de plus facile en enlevant la porte du chapiteau et écartant un peu, au besoin, celle de l'étage supérieur, que de juger de l'état relatif de la richesse de la ruche. Si le premier est tout à fait vide et l'étage du haut peu fourni, garnissez le magasin de rayons que vous aurez mis en réserve dans cette prévision, ou, à défaut de ceux-ci, du *mellifère*, sorte de petite auge remplie de miel, que vous trouverez décrite plus loin. Le tiroir du socle pourra également remplir ce but dans les dernières journées d'automne ou les premiers jours du printemps. Mais pendant les froids du second hiver qu'amène souvent la Chandeleur, selon le dire de l'almanach, c'est perdre son temps et sa peine que d'y placer de la nourriture ; engourdies et serrées les unes contre les autres entre les rayons du centre, elles mourraient plutôt que d'y descendre. Il leur faut le miel à leur portée, et elles ont mieux l'instinct de le chercher vers le haut de la ruche, où elles n'ont pas à redouter le froid extérieur entrant par l'ouverture restée béante. — *Evohe !* le printemps est venu....

> *Jam satis terris nivis atque diræ*
> *Grandinis misit pater....*

En attendant sa venue tant désirée, l'hiver, cette

saison de dures épreuves pour nos pauvres recluses, a décimé plus d'une fois la petite peuplade
blottie dans sa ruche comme une tribu d'Esqui-
maux sous sa hutte de neige. Mais voici qu'un
rayon de soleil a paru dans une éclaircie à travers
les nuages :

> *Crebescunt optatæ auræ portusque patescit*
> *Jam propior.*
>
> V., *En.*, III.

Les survivantes, ainsi qu'un escadron réparant
les désordres d'une nuit de bivouac, s'étirent, se
brossent et se dirigent encore incertaines vers
l'entrée de la ruche,

> Mettent le nez à l'air, montrent un peu la tête ;
> Puis ressortant, font quatre pas...
> Puis enfin se mettent en quête....

C'est le moment de faire une visite générale, avant
que la chaleur persistante ait ramené la série des
actes de la vie civile et de famille.

Votre première inspection sera pour la case inférieure ; il importe de vous assurer qu'elle ne contient point de couvain gâté, de pollen moisi et
avarié, et que les teignes ne l'ont point infestée de
leurs toiles. Pour peu que vous conceviez des dou-
tes sur son état sanitaire, vous ne devez pas hésiter
à la détacher pour l'examiner à fond. Cela vous
sera d'autant plus facile, que les abeilles ne l'habi-
tent pas dans cette saison ; elle n'est guère pour
elle qu'un lieu de passage ; ou, si elle contient un

restant de couvain d'automne, elles ne s'en préoc-
cupent pas pour le moment. Il n'en serait pas de
même plus tard, et, pour peu que vous tardiez,
vous pourriez trouver tous les rayons du centre de
ce compartiment émaillés de couvain nouveau.
mais, si vous avez fait votre examen de bonne
heure, rien ne viendra vous troubler ; et, après
avoir retranché tout à votre aise les parties de
rayons qui vous auraient paru suspectes, vous remettez tout dans le même état et vous vous dispo-
sez à la même cérémonie pour le chapiteau. Rien
de plus simple que cette opération. Vous dévissez
le volet, vous rompez les adhérences de propolis
qu'y ont fixé les abeilles ; vous vous retirez un moment à l'écart pour les laisser se calmer, si elles se
précipitent contre l'ouverture. Le plus souvent
l'étage est presque vide d'abeilles, et vous pouvez
opérer sans délai. Dans le cas contraire, quelques
bouffées de fumée auront bien vite mis en fuite les
survenantes. Cette précaution prise, vous détachez
les cadres, les tirant à vous petit à petit, lançant
de temps en temps quelques bouffées de fumée
pour décider à la fuite les abeilles qui s'obstineraient
à rester entre les rayons, ou bien vous les pour-
chassez tout doucement, avec la barbe d'une plume. Les cadres cueillis, vous faites tomber avec la
plume, sur le devant du tablier ou dans le tiroir du
socle, les quelques abeilles restées entre ces rayons
malgré toutes vos précautions.

Si vous êtes familier avec la manœuvre, vous

pouvez, sans désemparer et sans décoller le chapiteau, cueillir les rayons de miel qui occupent les à-côtés, à droite et à gauche des cadres. A l'aide du couteau recourbé ou tout simplement d'un petit couteau de poche à lame effilée, la main gantée si vous redoutez les piqûres, vous les détachez doucement, les recevant à mesure sur un petit plateau ou cabaret de fer blanc adapté à la forme de la ruche ; mais pour faire cette opération proprement, il faut être ambidextre, c'est-à-dire couper les rayons de gauche avec la main droite et ceux de droite avec la main gauche. Si vous n'êtes pas bien sûr de vous, il n'y a aucun inconvénient à décoller entièrement le chapiteau et à l'emporter pour le dépouiller tout à votre aise ; vous le remplacez pendant ce temps par une large planchette posée à plat sur la ruche ; il n'y a de plus pour vous que l'embarras de le luter à nouveau après en avoir fait la cueillette.

Si vous vous êtes assuré que les abeilles ont suffisamment de provisions dans la case du haut, vous pouvez cueillir sans crainte tout ce que renferme le chapiteau. Cependant je vous engage à ne pas trop vous presser de jouir ; craignez de décourager vos abeilles en les exposant aux privations dans le moment même où la grande ponte qui va commencer exigera une nourriture abondante pour tout ce couvain ; alors surtout que la terre est encore peu pourvue de fleurs, ou qu'un retour de froidure peut suspendre la végétation commencée, et laisser vos abeilles sans ressources au dehors (1).

Dùm prima novis adolescit frondibus ætas
Parcendum teneris !....

En suivant le conseil que je vais vous donner, vous n'aurez rien perdu pour attendre et vous aurez assuré la sécurité de vos abeilles.

Après avoir cueilli vos rayons latéraux contenus dans le chapiteau, replacez les cadres sans y toucher pour le moment. Dans quelques jours, « à ces heures pleines de sève, où tout fleurit, jusqu'aux épines, » alors que la végétation développée de toute part aura assuré la subsistance de vos abeilles, vous pourrez en toute assurance procéder au dépouillement des cadres laissés intacts et les remplacer par des cadres vides. De cette manière vous aurez cueilli, en deux fois il est vrai, tout le miel du chapiteau ; mais, en compensation, vous n'aurez causé aucun trouble à vos abeilles, et encore moins encouru le danger de les affamer (2).

(1) Ne touchez pas aux abeilles à l'époque de leurs grands travaux ; ne rendez pas la fécondité de la reine inutile, si vous voulez avoir de forts essaims printaniers.

DE FRARIÈRE.

(2) En cueillant les rayons ou en dépouillant les cadres, ayez toujours soin de laisser quelque peu des rayons vers leur point d'attache. L'expérience a prouvé que les abeilles s'empressent davantage à réparer les dégâts quand ou laisse quelque vestige de leurs anciens travaux.

Vers la fin de juin, ou dans les premiers jours de juillet, alors que la saison des essaims est passée, si vos ruches sont bien peuplées et que vous les supposiez abondamment pourvues, vous pourriez procéder à une troisième récolte. Cette cueillette successive, faite avec prudence et ménagement, donnera un redoublement d'activité à vos abeilles, en leur fournissant du large pour continuer leurs travaux, tandis qu'elles ont *sous la main*, comme à profusion, tous les matériaux qui leur sont nécessaires.

> *Cum Zephiri tepentibus auris*
> *Laxant arva sinus.*

Si vous ne les avez pas jetées dans un morne désespoir en les dépouillant avec trop d'avidité, elles redoubleront d'ardeur pour remplacer ce que vous aurez enlevé ; en peu de jours tout sera réparé et elles auront bien vite regarni les vides que vous aurez faits à leur magasin (1).

Afin donc de ne pas trop les décourager, vous ne prendrez à cette troisième cueillette que les deux cadres latéraux et vous accolerez deux cadres vides à celui du milieu que vous laisserez intact ; vos abeilles ne rencontrant que des vides peu considérables s'empresseront de les combler, tandis

(1) *Quò magis exhaustæ fuerint, hoc acrius omnes*
Incumbet generis lapsi sarcire ruinas ;
Complebuntque foros et floribus horrea texent.

V.

que si vous vouliez tout prendre, elles renonce-
raient à l'entreprise, et prendraient le parti d'emmagasiner tout leur miel nouveau dans l'intérieur
de la ruche, ce qui contrarierait vos opérations futures. Vous pourrez même, dans certaines années
d'abondance exceptionnelle, enlever, quelques
jours après, le cadre du milieu ; dans tous les cas,
il serait prudent de le conserver intact pour le
leur réintégrer au besoin, si plus tard vous le jugez
convenable, ou pour le donner à des ruches plus
nécessiteuses. Ainsi que je vous l'ai conseillé ailleurs, vous devez toujours avoir en réserve un
certain nombre de cadres pleins, dans lesquels le
miel, parfaitement luté dans ses urnes naturelles,
se conserve très-bien sans altération. Ceux que
vous ne ferez point servir à l'ornement de votre
table vous seront d'un usage précieux pour assurer
la subsistance de vos ruches affamées par un automne pluvieux ou un hiver long et désastreux. On
ne se repent jamais d'avoir eu trop de prudence,
et un apiculteur sage ne doit jamais s'exposer à
dire : « Si j'avais su !.... » *Usez, n'abusez pas*, et
souvenez-vous que pour les abeilles comme pour
l'homme,

> .... La vie est un passage ;
> Ménagez prudemment les vivres du voyage.

La provision du miel faite, les ruches nettoyées
et mises à l'abri de toute surprise, il ne vous reste
plus qu'à préparer de nouveaux domiciles pour le

moment des essaims ; puis, vers les jours les plus chauds de l'été, à placer les socles afin de donner à vos abeilles de l'air et du large ; et, à l'automne, les tiroirs, pour parer aux mauvais jours et ménager les provisions d'hiver. Ne craignez pas d'être prodigue de menu fretin à vos *gentilles* ouvrières, elles emmagasineront ce qu'elles ne consommeront pas, et vous rendront au centuple les quelques provisions à bas prix que vous aurez mises à leur disposition. Il faut savoir semer pour recueillir ; il est de certaines prodigalités qui se changent en économie, et celles que vous ferez dans ce cas sont de ce nombre.

CHAPITRE VI

APPLICATION DE LA MÉTHODE AUX RUCHES DE TOUTES FORMES

Apibus quanta experientia parcis !
V.

Soignez donc, protégez ce peuple domestique ;
Que son logis soit sain et non pas magnifique.
DELILLE, *l'Homme des Champs.*

Je ne sais si la simplicité de ma méthode vous a séduit. En tous cas il me paraît impossible d'admettre que vous n'ayez pas apprécié la facilité des procédés que je vous ai exposés, leur parfaite innocuité en ce qui concerne les abeilles et la sécurité qu'elle offre d'autre part à l'opérateur. Je suis persuadé que si vous l'avez bien comprise, dans votre empressement à l'adopter, vous voudrez sans désemparer convertir toutes vos ruches en ruches taillées sur ce modèle. Pourtant, si vous me consultiez, je serais le premier à vous conseiller de modérer cette ardeur si vous ne voulez vous exposer à tout perdre par une trop grande précipitation. Mais voici comment il vous sera facile d'arriver à ce changement désiré, sans brusquerie et presque insensiblement.

Je suppose que vos ruches appartiennent à la forme primitive : ce sont de ces troncs d'arbres creusés par le temps ou par la main de l'homme, tels qu'on les rencontre communément dans le centre et dans le nord de la France, et que vous désirez les échanger contre des ruches d'une forme plus commode, telles enfin que celles que je préconise dans ce traité. Voici comment vous pourrez procéder :

Le moment venu de faire la cueillette du printemps, après avoir recueilli le miel par le procédé ordinaire jusqu'au milieu ou tout près de l'espace intermédiaire entre la cloison du milieu et le bord supérieur de la ruche, vous placez celle-ci sur un chevalet, et, tandis qu'à l'aide de quelques bouffées de fumée dirigées de temps en temps dans la ruche, vous maintenez les abeilles dans l'intérieur, vous sciez la ruche circulairement vers le point où s'est arrêtée votre cueillette. Cela fait, vous fixez avec de fortes pointes sur le bord supérieur de la ruche une planche carrée d'environ 35 centimètres de largeur, percée à son centre d'une ouverture de 15 à 20 centimètres de diamètre, provisoirement oblitérée par une petite planchette

assujettie avec quelques petites pointes. La ruche
visitée par le bas, rafraîchie convenablement,
vous la dressez sur sa base, et, après avoir garni
avec du pourjet tous les joints existant entre elle
et la planche lui servant de couvercle, vous rendez
aux abeilles leur liberté.

Sur le soir, vous assujettissez avec de forts pitons, sur la planche du couvercle, un chapiteau
exécuté dans la forme que j'ai décrite (fig. 5,
p. 78). Au bout de quelques jours, lorsque vous
jugez que les abeilles ont réparé les brèches faites
à leurs gâteaux, vous enlevez la planchette pour
leur donner le libre accès de cet étage surajouté,
et, après avoir assujetti sur l'ouverture médiane
les trois cadres mobiles (1), ainsi que je l'ai expliqué pour ma ruche à compartiments, vous refer-
mez la porte et vous la luttez avec soin. Les abeilles ne se feront pas prier pour prendre possession
de l'espace que vous venez de leur livrer, et, au
bruit et à l'agitation que votre oreille y percevra,
il vous sera facile de vous convaincre d'un grand
déploiement d'activité dans ce nouveau départe-
ment annexé par vous à leur ruche. Au bout de
trois semaines à un mois tout est rempli, et vous

(1) Si cette manœuvre des cadres vous cause quelque
embarras vous pouvez parfaitement les laisser de côté ;
les abeilles n'en construiront pas moins leurs rayons dans
le chapiteau et vous pourrez également en détacher les
rayons du dehors ou en enlevant celui-ci dans son entier.

pouvez au besoin faire la cueillette de deux ou trois
cadres garnis de beau miel nouveau. Toutefois,
comme ce dérangement et le surcroît de travail
qu'il nécessiterait pourrait retarder, sinon empêcher la sortie des essaims, je vous conseille, si
vous tenez à augmenter votre rucher, d'attendre
un moment plus convenable, c'est-à-dire après le
15 ou le 20 de juin, suivant la latitude du pays
que vous habitez. Passé cette époque, les essaims
étant plutôt à craindre qu'à désirer, vous pourrez procéder sans crainte à une cueillette discrète;
mais, ainsi que je l'ai déjà expliqué, il vous suffira
communément d'enlever les deux cadres latéraux,
laissant celui du milieu intact afin de ne pas trop
décourager vos abeilles.

Voici donc votre ruche à cadres mobiles constituée (planche 4, page 127). Si vous ne tenez pas à
la forme, vous pouvez sans inconvénient la laisser
ainsi. On a vu des abeilles prospérer très-longtemps
dans la même ruche, et celle-ci être toujours fort
productive, bien que les parois en tombassent
presque de vétusté. La seule précaution que je
vous engagerais à prendre dans ce cas consisterait
dans le placement, au temps désigné, d'un socle
sous la base de votre ruche. La dimension en largeur que devra offrir celui-ci sera proportionné au
diamètre de la ruche; sa hauteur et sa disposition
intérieure restant la même que pour la ruche à
compartiments. L'addition de cet étage vous sera
d'une grande commodité pour donner de l'air et

de l'espace à vos abeilles, ainsi que pour parer aux
craintes de la disette ; il vous permettra en même
temps de juger de l'état sanitaire de la ruche,
à l'inspection des débris, saron ou excréments
dont vous pourrez, en entr'ouvrant la porte, reconnaître la nature sur le tablier qui en sera recouvert ou sali.

P. 4.

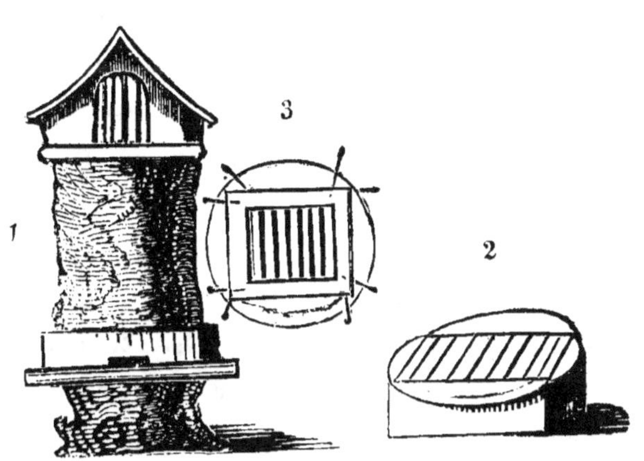

Quoiqu'en général des ruches de ce système
mixte puissent se conserver longtemps en prospérité, elles ne laissent pas que d'offrir certains inconvénients, tels que la difficulté de s'assurer de
ce qui se passe dans l'intérieur sans être obligé de
retourner la ruche et de détruire à chaque inspection le long et opiniâtre travail des abeilles
dans le scellement de la ruche au tablier ; sans
parler du trouble qu'on leur cause et des risques
d'être piqué par elles. Cet inconvénient est cause
qu'on ne les visite pas assez souvent, et, dans

l'intervalle de ces rares visites, les teignes ou tout autre ennemi peuvent avoir fait de tels ravages, qu'il devient souvent impossible d'y remédier lorsqu'on vient à s'en apercevoir. Avec nos cases à portes cet inconvénient n'existe plus. Rien d'aussi aisé que de se rendre compte jour par jour, si cela est nécessaire, de l'état de la ruche.

Si vous vous êtes laissé gagner par cette facilité qui vous permettra de dormir sur vos deux oreilles, sans inquiétude pour ce fléau qui cause souvent la ruine des plus beaux ruchers, voici comment vous pourrez procéder pour y arriver sans peine et presque sans secousse.

Après avoir fait le changement indiqué ci-dessus (instantanément si vous le désirez, mais mieux au printemps suivant si rien ne vous presse), vous procédez pour le bas de la ruche de la même manière que vous en avez usé pour le haut; c'est-à-dire qu'après avoir enfumé la ruche, vous retranchez les rayons du bas sur une hauteur de 20 à 25 centimètres, et vous sciez la ruche circulairement à cette hauteur ; puis vous remplacez la portion enlevée par une case vide, préalablement garnie sur ses quatre faces d'oreilles ou appendices (fig. 2 et 3, pl. 4) fixés avec des vis au rebord du niveau du rebord supérieur, de manière à ce que la ruche y soit reçue sur une base proportionnée à son diamètre. Au printemps suivant les oreilles seront dévissées et enlevées ; puis, les abeilles ayant été chassées de cette case dans le corps de ruche, la case est enlevée et intercalée entre celui-ci et le chapiteau.

Ces deux compartiments étant solidement assujettis l'un à l'autre, vous enfumez par en bas le corps de ruche, et, après avoir forcé les abeilles à se réfugier dans la case que vous venez d'adapter au chapiteau, vous enlevez ce corps de ruche que vous remplacez par une hausse vide.

Votre ruche est donc définitivement constituée et vous n'avez, ni perdu une seule abeille, ni causé le moindre trouble dans leur établissement. Désormais tous soins et toutes opérations vont être pour vous chose aisée, et les procédés sur lesquels je me suis suffisamment étendu dans le précédent chapitre vous seront d'une application facile.

Quant à ce qui concerne la ruche en paille à deux ou à trois compartiments, bien que celle-ci soit déjà par elle-même un notable perfectionnement, elle n'est malheureusement pas exempte de plusieurs des inconvénients signalés plus haut, et, pour cette raison, les ruches carrées, mobiles et à portes, m'ont paru leur être tellement supérieures que je n'ai pas hésité à les substituer en ce qui me concerne aux ruches en paille, dont j'avais fait usage jusqu'à ces derniers temps. Pour en arriver là, le procédé est des plus simples : il ne s'agit que de remplacer successivement les étages enlevés par des cases vides, d'après le procédé et dans l'ordre que je viens d'indiquer.

Si l'on avait affaire à des ruches anglaises à deux

compartiments, après avoir fait la substitution du chapiteau au dôme, comme il a été expliqué plus haut, afin de causer moins de trouble aux abeilles, il faudrait également remplacer le corps de ruche en deux fois, ainsi que nous avons conseillé de le pratiquer pour les ruches cylindriques en bois. Pour cela, après avoir mis les abeilles en fuite, on coupe circulairement à moitié de sa hauteur le cylindre de paille à l'aide d'une forte serpette, après en avoir détaché les rayons vides ; puis on place la ruche ainsi écourtée sur une case garnie d'oreilles, ayant soin de bien lutter avec du bon pourjet le rebord intermédiaire, dont la coupe, on le comprend, ne peut jamais être bien régulière. L'année suivante, la case inférieure est replacée sous le chapiteau, les abeilles chassées du cylindre de paille dans ces deux cases superposées ; puis celui-ci, remplacé par une case vide, est emporté pour être dépouillé à loisir.

Quant aux ruches bressanes ou suisses, faites en forme de calotte ou hémisphère, ou celles en clóche, ou celles en pain de sucre, usitées dans les Landes, voici comment il conviendrait de procéder :

Pour les ruches à dessus plat, enlever circulairement le dessus de la calotte avec la serpette, puis le remplacer par un diaphragme ou la planche carrée, décrite plus haut, sur laquelle on fixe le chapiteau ; l'anné suivante, opérer sur le corps de ruche comme il vient d'être dit pour la ruche anglaise.

Pour ce qui est des ruches en cloche, ou des ruches coniques, enlever de la même manière le sommet du cône vers le milieu de celui-ci, et le reste comme plus haut.

On comprendra sans peine que je n'étende pas ces explications à toutes les ruches qu'il a plu aux inventeurs de diversifier à l'infini ; mais les procédés que je viens d'indiquer pour celles qui sont le plus communément en usage pourront servir de règle pour opérer dans ces cas particuliers. Je me fie là-dessus à la sagacité de l'apiculteur. Il m'aura suffi de donner l'éveil à son esprit inventif pour qu'il ait bientôt dépassé celui qui s'intitule ici plutôt son conseiller que son maître.

CHAPITRE VII

L'ENNEMI

> .... *Sæpe favos ignotus adedit*
> *Stellio ; et lucifugis congesta cubilia blattis ;*
> *Immunisque sedens aliena ad pabula fucus,*
> *Aut asper crabro imparibus se immiscuit armis ;*
> *Aut dirum lineæ genus, aut invisa Minervæ*
> *Laxos in foribus suspendit aranea casses (1).*
> VIRG., G., IV.

ENTRE l'homme et les animaux dont il a su s'approprier l'industrie et qui font partie intégrante de son domaine, on dirait que Dieu a voulu

(1) Souvent le cloporte ronge dans l'ombre les rayons; les chenilles ennemies de la lumière s'y tapissent dans leurs lits soyeux ; le bourdon parasite vient prendre effrontément sa part du festin préparé pour d'autres que pour lui. Le terrible frêlon s'introduit de force dans la place ; puis les teignes, cette engeance perfide, en fouillent l'intérieur ; tandis que l'araignée, odieuse à Minerve, suspend à l'entrée ses filets flottants.

établir une véritable solidarité. Ils ne prospèrent et n'évitent le retour périodique des fléaux qui souvent les déciment que par son instinctive prévoyance, et lorsque, par un concours de malheureuses circonstances, ils viennent à être privés des soins intelligents du maître, on les voit se disperser, languir quelque temps, puis finir misérablement. Et tel que jadis pour les missions du Paraguay, cette réalisation chrétienne de la république de Platon, véritable âge d'or, si jamais le ciel voulut le concéder à la terre, on vit, après que la stupide et féroce jalousie des Espagnols et des Portugais en eut amené la dispersion violente, le désert reprendre le terrain que l'homme lui avait enlevé et un silence de mort planer sur ces lieux naguère si riants et si pleins de vie; ainsi l'on a vu des ruchers florissants et prospères tant qu'ils étaient dirigés par la main d'un apiculteur habile, décliner insensiblement, puis n'offrir plus que l'image d'une ruine complète, après la mort ou l'éloignement de celui qui en était comme l'âme et la vie.

Mais il faut bien avouer que parfois aussi la médaille nous montre son revers et que bien souvent des soins inintelligents, des changements inopportuns, des tracasseries irrationnelles, viennent aggraver le mal en prétendant y porter remède ; et les pauvres abeilles, si elles pouvaient se faire entendre, auraient plus d'une fois raison de s'écrier avec le fabuliste qui excelle si bien à exprimer le langage des animaux :

> Notre ennemi c'est notre maître :
> Je vous le dis en bon français.

ou comme l'avait dit avant lui l'Aristarque latin :

> *Quidquid delirant reges plectunctur Achivi.*

La fin de l'été, l'automne et l'hiver, sont les épreuves les plus difficiles à traverser pour les abeilles : Or il semble que ce soit précisément cette époque que l'on se plaise à choisir, dans la plupart des contrées, pour leur enlever les provisions qu'elles ont si laborieusement amassées en prévision de ces besoins futurs. Faut-il s'étonner, après cela, si elles ne prospèrent pas suivant nos désirs? Aussi de combien de ruchers cette désastreuse coutume n'a-t-elle pas causé la perte !

Joignez à toutes ces contrariétés des ennemis de tout genre, que la sécheresse, et la famine, qu'elle traîne à sa suite, précipitent sur elles comme autant de loups ardents à la curée. A ce moment, par surcroît, le nombre des oiseaux destructeurs des insectes s'est considérablement accru ; de grosses araignées tendent dans toutes les directions leurs toiles pour les saisir au passage. S'arrètent-elles sur le bord des mares pour étancher leur soif rendue plus vive par la chaleur torride des longs jours d'été? elles sont la proie des grenouilles , des crapauds qui les guettent, tapis sous les touffes de

roseaux et de beccabunga ; et tandis que les libelul-
les qui en rasent incessamment la surface, les attendent pour les saisir au passage, les lézards, les
rats, les guêpes, les frêlons les suivent, les harcè-
lent et s'introduisent avec elles jusque dans la
ruche. Pendant ce temps, la fourmi s'introduit
clandestinement par la moindre fissure et vient,
insoucieuse des piqûres, se gorger du miel dont
elle est si friande, et arracher parfois, jusque dans
son berceau, le jeune embrion entouré de tant de
soin et de tant d'amour. Enfin, pour compléter le
tableau, tandis que du dehors se pressent tous ces
ennemis, au dedans l'affreuse teigne, (*dirum lineæ
genus*) poussant, à la faveur de ses toiles, ses galeries jusqu'au cœur de la place, s'y établit à demeure,

Et petit excidiis urbem miserosque penates.

HOR.

rongeant les berceaux et sapant les édifices dans
tous les sens.

Mais tous ces ennemis réunis ne sont rien encore
comparés à la faim qui décime les plus beaux ruchers. C'est ce fléau qui fait périr ordinairement
les derniers essaims partis lorsque la saison était
déjà trop avancée pour leur permettre d'amasser
des provisions suffisantes. Pressées par le besoin,
et ne trouvant rien au dehors pour l'assouvir, on
les voit, — *malè suada fames* — se glisser à la
sourdine dans les ruches mieux approvisionnées.

puis, affriandées et encouragées par l'impunité de leurs larcins, se livrer ouvertement au pillage et porter ainsi de proche en proche le trouble dans tout le rucher.

Les guerres auxquelles se livrent alors entre elles les abeilles sont une des plus grandes causes de dépérisement pour un rucher. On voit vainqueurs et vaincus joncher tout autour l'arène ; puis, une dépopulation générale, en tenant en souffrance les ruchers pendant l'hiver, menacer de faire périr de froid celles que la guerre ou la famine ont épargnées.

Vous protégerez vos abeilles contre la rapacité des oiseaux insectivores, d'abord, en ne laissant pas de rebord trop saillant à l'entrée de vos ruches, où ils puissent s'établir pour happer les abeilles au passage ; puis en établissant votre rucher dans des lieux complantés d'arbres qui, rompant le vol de ces oiseaux, mettront les abeilles à l'abri de leur poursuite acharnée ; enfin en mettant au besoin ceux-ci en fuite à coups de fusil ou en dressant dans les environs des pièges à leur intention.

Les rats, les limaçons, les lézards ne seront pas à craindre si vous avez eu soin de ne donner à l'entrée de vos ruches que les dimensions que je vous ai recommandées et si vous avez en outre la précaution de ne laisser dans les environs aucun amas de bois ou d'autres matériaux qui puissent leur servir de refuge.

Parmi les oiseaux qui dévorent l'abeille faut-il

comprendre l'hirondelle? malgré l'opinion de Virgile que je soupçonne véhémentement d'avoir quelque peu calomnié celle-ci pour ne pas laisser échapper l'occasion de flétrir par quelques beaux vers l'acte coupable de *Procné* (1), je penche à croire qu'elle doit être absoute de cette accusation hasardée, et voici sur quoi je me fonde pour invoquer en sa faveur les circonstances atténuantes.

Mon beau-père, grand amateur d'abeilles, était parvenu à se composer un rucher considérable; or, la cour où étaient encloses ses ruches était en quelque sorte toute constellée de nids d'hirondelles. On en voyait partout : sous les rebords des toits, sous les hangars et jusque dans les chambres ouvertes. Or, il n'a jamais remarqué que son rucher parût le moins du monde souffrir de leur présence. Pareille chose se passe chez moi, et, malgré les conseils donnés par les auteurs, jamais je n'ai pu me décider à recevoir à coups de fusil les gentilles voyageuses que chaque printemps ramène sous mon toit hospitalier. Il y a plus, j'ai vu souvent celles-ci périr pour avoir trop hâté leur retour avant qu'une chaleur soutenue eût favorisé la production des mouches dont elles font leur nourriture exclusive; or, il m'a semblé que si dans ce

(1) *Et manibus Procne pectus signata cruentis.*
   Omnia nam latè vastant, ipsasque volantes
   Ore ferunt, dulcem nidis immitibus escam.

V., G., IV.

moment elles eussent fait la guerre à mes abeilles,
au bout de quelques jours j'eusse dû n'en plus voir
une seule rentrer de la picorée. Il me semble naturel de conclure que la Providence, qui a tout calculé, et qui a voulu que l'abeille et l'hirondelle
vécussent côte à côte sous le toit de l'homme, a
donné à celle-ci une répulsion instinctive pour
l'abeille, dans la crainte sans doute de voir son
aiguillon piquer sa gorge et lui causer une inflam-
mation mortelle.

Pour ce qui est de la famine, vous n'aurez
pas à la redouter pour vos abeilles si vous avez,
dans le courant de la saison, mis en pratique les
préceptes que je vous ai tracés ; et quant aux essaims tardifs, si parmi les possesseurs de ruches
vous figurez déjà au nombre des heureux, je vous
engage à ne pas leur laisser faire un établissement
à part, car, à tout prendre, leur entretien vous
coûtera plus de soins et de dépense que vous n'aurez à en attendre de profit. Mieux vaudrait les
joindre à d'autres ruches, vous y gagnerez de vous
délivrer de tous soins à leur sujet. Mais si, d'aventure, votre rucher est peu garni, vous pouvez contenter votre désir bien légitime de l'augmenter. En
garnissant le chapiteau de cadres pleins empruntés à des ruches bien fournies ; en tenant le tiroir aux vivres bien garni, vous pourrez , sans
trop de dommage, leur faire passer la saison
d'hiver ; et au printemps, grâce à l'extrême fécondité de la reine, la saison et vos soins aidant,

transformer votre colonie faible et languissante en une cité prospère, qui vous indemnisera largement de vos avances et de votre attente. Je suis parvenu à sauver de cette manière plus d'un essaim tardif ; un entre autres, qui avait jeté à la fin d'août et qui a pu prospérer.

Mais s'il est facile, à l'aide des provisions que vous avez mises en réserve, de remédier aux atteintes de la faim, il n'en est pas de même pour le pillage ; surtout lorsque celui-ci est devenu général, ou qu'il est organisé sur une large échelle. Dès que l'on s'aperçoit du trouble qu'il cause dans un rucher, ce qui se reconnaît aux signes suivants : agitation extraordinaire à l'intérieur de la ruche ; les abeilles se heurtent, se prennent corps à corps et s'entrelacent avec acharnement (1) ; ou bien la place a été forcée et les arrivantes du dehors entrent à pleine porte sans qu'il y ait aucune garde qui vienne les reconnaître. Toutes arrivent dégarnies de butin et s'envolent au loin, le ventre repu, sans tourbillonner un instant autour de la ruche, comme les abeilles ont coutume de le faire quand elles prennent leurs ébats. Quand donc, à ces signes, joints à un grand trouble intérieur perceptible à l'oreille (2) et que l'inspection vient confirmer, on

(1) *Tum trepidæ inter se coeunt, pennisque corruscunt.*
Spicula que exacuunt rostris, aptantque lacertos.

(2) *Tum sonus auditur gravior, tractimque susurrant*
Æstuat ut clausis rapidus fornacibus ignis.

juge que le pillage d'une ruche s'organise; si l'on
est arrivé à temps, lorsque le combat n'est encore
qu'engagé, il faut se hâter de rétrécir les ouvertures, de manière à ne laisser aux abeilles qu'une ou
deux entrées de la largeur de leur corps. On attein-
dra facilement ce but à l'aide d'une petite porte
faite en planche mince, fixée au bas de la ruche
par un petit piton glissant dans une rainure et
garnie en bas de petites pointes dites finettes,
dont on arrache une ou deux de chaque côté pour
ne laisser qu'une étroite issue à défendre par les
assiégées.

De cette manière on ne les prive pas du renouvellement d'air qui leur est indispensables et
derrière cette barrière, si elles sont obligées d'a-
bandonner les ouvrages avancés, les assiégées, à
couvert par cet obstacle à franchir, pourront se défendre avec avantage. Il est rare, lorsqu'elles sont
ainsi protégées contre de trop nombreux adversaires, qu'elles ne réussissent pas à décourager les
assiégeants qui, de guerre lasse, se décident enfin
à abandonner l'entreprise.

Mais si par imprévoyance ou par défaut de vigilance vous vous trouvez réduit à prononcer le mot
trop tard, (mot fatal qui a décidé de la destinée de
plus d'un empire), il faut vous hâter de fermer
toute communication avec le dehors en laissant
tomber complètement la herse. Si les assaillantes
renfermées ainsi dans la place sont peu nombreuses,
leur sort sera bien vite décidé, et, le soir, lorsque

vous lèverez la porte pour donner de l'air et laisser prendre quelques moments d'ébats aux prisonnières, vous aurez la satisfaction de voir les assiégés emporter au dehors les cadavres de leurs ennemis vaincus.

S'il en était autrement, votre ruche aura subi le sort d'une ville prise d'assaut.

> *Cùm fracta virtus et minaces*
> *Turpe solum tetigere mento.*
>
> Hor., ii, Od. 7.

Ses malheureux habitants auront tous été passés au fil de l'épée, et les rares survivants au massacre se seront joints aux pillards.

Dans tous les cas c'est une ruche perdue, et il ne vous reste plus qu'à empêcher à ces bandes noires encouragées par l'impunité, de recommencer sur un autre point leur métier de corsaire. Pour peu que vos craintes soient sérieuses, hâtez-vous de rétrécir l'entrée de vos ruches, et si, nonobstant cela, la guerre continue, abaissez toutes les herses et ne les relevez que le soir après le coucher du soleil, pour donner quelques moments de liberté et préserver de la nostalgie vos pauvres recluses. Vous aurez soin de refermer les portes la nuit, ou tout au moins de grand matin, parce que les pillardes sont à l'affut dès la première aube du jour, guettant le moment où les gardes, engourdis par le froid de la nuit, se départent de leur vigilance, pour s'introduire furtivement dans la place.

Si vous aviez affaire à des essaims nouveaux non
encore approvisionnés, il faudrait, en les tenant
renfermés avec soin, que le tiroir soit toujours
suffisamment garni. Avec des ruches bien peuplées,
rien de tout cela n'est à craindre. Lorsque les
abeilles de ces ruches pressentent le pillage ou
l'introduction du papillon de la teigne, on les voit
se grouper au dehors au point d'obstruer presque
entièrement l'ouverture, s'y maintenir pendant
toute la nuit, de manière à ce qu'il soit impossible
à l'ennemi de pénétrer dans la ruche sans leur
passer littéralement sur le corps. Voilà pourquoi,
avec tous les apiculteurs expérimentés, je vous répéterai : n'ayez que des ruches de moyenne dimension. Mieux vaut être obligé de leur fournir du
large que de les mettre dans le cas de laisser à
l'intérieur de grands vides qu'il leur est difficile de
garder et à la faveur desquels l'ennemi parvient aisément à s'introduire en trompant leur surveillance.

Un autre fléau non moins redoutable, si l'on n'y
prend garde, c'est la guerre que se font entre elles
les abeilles, sans motif apparent, souvent par pure
antipathie ou simple querelle de voisinage. —
Sævit toto Mars impius orbe.

> La Discorde partout règne dans l'univers
> Notre monde en fournit mille exemples divers.
>> Combien d'êtres de tous états
>> Se font une guerre éternelle !
>>>> LAFONTAINE, XII, F. 8.

Ce sont, dans ce cas, tout autant de luttes corps

à corps, duels sans fin, combats à mort qui affaiblissent considérablement les deux partis. Un peu de cendre ou de sable jeté sur les combattants, ou, mieux, l'eau d'une petite pompe à main suffira pour calmer tout ce tumulte.

Hi motus animorum atque hæc certamina tanta
Pulveris exigui jactu compressa quiescent.

Pour les guêpes et frelons, on doit, autant dans l'intérêt des abeilles que dans celui de la conservation des fruits, leur faire une chasse à fond. La plus fructueuse est celle que l'on fait à leurs nids, sous les tuiles qui recouvrent les murs, dans les creux et au pied de ceux-ci, et jusque dans les ruches d'attente placées aux environs. L'eau de savon, le feu, la fumée, seront efficacement mis en usage pour les détruire avec le couvain qui s'y trouve. Quant aux individus adultes qui vaguent en liberté, on pourrait les faire noyer en leur offrant pour appât des fioles à goulot étroit à demi-remplies d'eau miellée, si l'on ne craignait d'y voir les abeilles s'y noyer elles-mêmes. Mais, comme les guêpes sont carnivores, on peut les prendre à un autre appât qui n'offre pas cet inconvénient : Des morceaux de viande crue ou des fruits à demi-gâtés sur lesquels elles viennent se poser, et où on les écrase ; ou, lorsqu'elles sont par trop abondantes, des châssis en toile métallique, auxquels on suspend des morceaux de viande, et qu'on dispose au-dessus d'un baquet rempli

d'eau, atteindront parfaitement ce but ; les guêpes,
par l'odeur alléchées, s'introduisent par dessous le
châssis, et en cherchant à ressortir par le haut elles
s'agitent, se démènent et finissent par tomber dans
les plats, où elles se noient. On pourrait également
remplacer le châssis par une cloche à melon disposée de la même manière.

Quant aux frêlons, bourdons et libellules, si le
rucher reçoit d'eux de trop fréquentes visites, le
filet de l'entomologiste, tenu à proximité du rucher,
mettra ordre à leurs incessantes attaques.

La Fourmi est-elle un ennemi à redouter pour
les abeilles? Ici, comme en plus d'une occasion, Hippocrate dit oui et Gallien dit non. On raconte
avoir vu des républiques de fourmis et d'abeilles
vivre côte à côte sous le même toit en bonne intelligence, sans se nuire ostensiblement. Cependant je ne vous conseille pas de trop vous y fier.
Les nombreuses allées et venues qu'on voit exécuter à cette avare pourvoyeuse, de la ruche à sa
tanière et de la fourmillière à la ruche, indiquent
assez que, si la *fourmi n'est pas prêteuse*, elle pourrait bien être une emprunteuse fort peu soucieuse
des intérêts de ses commanditaires. On a souvent
bien de la peine à s'en défendre : cordons de crins
recommandés par les auteurs, enduits de poix ou
de térébenthine, tous ces moyens échouent contre
leur opiniâtreté, lorsqu'elles ont pris une ruche pour
but de leur pèlerinage suspect ; et, plus d'une fois,

je n'ai pu m'en débarrasser qu'en tenant les pieds
des bancs qui supportent mes ruches, plongés dans
des vases pleins d'eau. Encore faut-il avoir la précaution de recouvrir ceux-ci de planchettes, ne
laissant qu'un petit intervalle entre elles et le bord,
afin d'éviter aux abeilles de venir s'y noyer, lorsqu'elles retombent du tablier en rentrant avec
trop de précipitation, ou qu'elles se disputent le
passage.

Mais, parmi tous les ennemis des abeilles, aucun
n'est aussi à redouter que la Teigne. C'est le plus
opiniâtre et le plus perfide ennemi de l'espèce, et
le désespoir en même temps de l'apiculteur; il
naît d'un ver, issu d'un petit œuf que dépose, en
s'introduisant furtivement dans la ruche, une petite phalène crépusculaire d'un blanc grisâtre, que
l'on voit voltiger autour des ruches à l'entrée de
la nuit, vers la mi-septembre. A peine éclos, le petit ver se traîne en rampant vers les cellules les
plus voisines, et s'y établit comme un tirailleur
dans son trou de loup, fouillant à droite et à gauche les rayons, qu'il sillonne en tous sens, en pratiquant dans leur intérieur de longs boyaux tissés
de lamelles soyeuses, et mettant ainsi son corps
nu à l'abri des aiguillons des abeilles, qu'il déva-
lise tout à son aise. Ces tuyaux, qui se croisent
dans tous les sens, forment de véritables galeries de mineur, ce qui lui a valu son nom de
Galeria Cerella. On l'a encore nommée fausse-
teigne, parce qu'il ne traîne pas avec lui son four-

reau de défense comme ces teignes qui rongent les draps et les fourrures, et se composent une carapace du détritus des poils dont elles font leur nourriture.

Les fausses-teignes, du reste, ne s'attaquent pas à l'abeille ; elles ne se nourrissent ni du miel, ni du pollen amassé par elles. Elles n'en veulent qu'à la cire ; mais en la poursuivant partout elles poussent si loin leurs galeries et les multiplient tellement dans tous les sens en les infestant de leurs nombreux cocons blancs, gros et soyeux, que la place n'est bientôt plus tenable ; et que souvent, tout à fait découragées, les abeilles désertent la ruche devenue inhabitable, pour aller tristement s'établir dans quelque creux solitaire, où elles ne tardent pas à périr faute d'un abri plus convenable et de nourriture suffisante.

Avec nos ruches munies de portes à leurs divers étages, il est facile de se rendre compte des progrès du mal et d'y porter remède. Cependant si, déjouant votre vigilance, l'ennemi était parvenu à s'établir dans la place, voici comment vous pourrez déjouer sa tactique.

Distinguons d'abord, au point de vue pratique, deux espèces de teignes : la grosse teigne et la petite.

La première se présente sous la forme d'un gros ver nu, verruqueux, d'un blanc sale, de la grosseur et de la forme du ver de la noix ou de la pomme. Introduit dans la cire, il ne pousse pas ses galeries aussi loin que la petite teigne, et ne s'entoure pas comme elle d'un réseau inextricable. Les abeilles, avec l'industrie qui les distingue, savent très-bien creuser autour de lui, dans le lieu où il s'est réfugié, un fossé de circonvallation au moyen duquel elles parviennent à l'isoler : puis, achevant de détacher le lambeau de rayon où elles l'ont ainsi parqué, elles finissent par faire tomber ce ver sur le tablier de la ruche, où on le rencontre souvent, s'agitant en tous sens et se blottissant dans les coins, mais sans pouvoir remonter sur les rayons, quand ceux-ci, comme cela a lieu le plus souvent, n'appuient pas sur le tablier de la ruche. On voit même fréquemment les abeilles se réunir pour l'attaquer corps à corps, le saisir et s'efforcer de le traîner au dehors.

Lorsque je m'aperçois de ce travail intérieur, je viens en aide à mes abeilles en entrouvrant de temps en temps la porte du socle ou de la case inférieure et en tirant les vers au dehors à l'aide d'une plume, d'une pince ou du râcloir. En faisant cette opération le soir ou de grand matin, on inquiète moins les abeilles, et, si l'on a soin d'opérer vivement, elles vous laissent tranquillement faire leur besogne sans s'en émouvoir. Dans le cas contraire, il suffira de quelques bouffées de fumée pour les tenir en respect pendant cette courte visite domiciliaire.

Pour ce qui est de la petite teigne, la teigne filandière, ce moyen n'est plus praticable. Il faut,

si l'on s'est aperçu de sa présence, se hâter de
couper court à ses ravages insidieux. Il est abso-
lument indispensable dans ce cas d'examiner les
rayons case par case, les uns après les autres. On
commence par entr'ouvir la porte de la case inférieure ; on met les abeilles en fuite. Si l'œil ne
pouvait pas suffisamment se promener dans tous
les interstices, on détacherait le rayon du milieu
pour faire un peu de vide. On l'examine à fond ;
puis en faisant infléchir successivement à droite
et à gauche les rayons voisins, on voit s'ils renferment quelques points soyeux. Dans ce cas, si
j'ai constaté la présence de la teigne, je n'hésite
plus à détacher la case inférieure que je remplace
par un socle, si la ruche n'en est pas déjà pourvue,
et je la transporte dans mon cabinet pour l'examiner tout à mon aise. A l'aide d'un petit scalpel à
lame aiguë et tranchante des deux côtés, je suis à
la piste toutes les galeries soyeuses, jusqu'à ce que
j'aie rencontré le petit ver auteur de tout le mal.
Si je ne puis y parvenir sans détacher le rayon,
je n'hésite pas à le faire. Enfin, après avoir tout
suivi avec la plus minutieuse attention, je remets
cette case en place, pour procéder de la même manière sur la case supérieure. Si j'ai été obligé de
détacher un nombre trop considérable de rayons,
ou si ceux-ci sont couverts de pollen ou de couvain, je les place, chacun à part, dans un de mes
cadres que j'assujétis en fixant entre eux et la traverse du haut et du bas de la porte, deux petits

coins de liége; ou bien je les suspends aux liteaux du haut avec deux petits liens. Aux printemps suivants j'enlève successivement ces cadres et je laisse aux abeilles le soin de les remplacer par de nouveaux gâteaux.

Mais pourquoi, me dira-t-on, ne pas laisser subsister ces cadres? tant d'autres les préconisent, et ils sont si commodes pour la dépouille et l'inspection des ruches. Dans le principe, j'avais entièrement garni mes cases de cadres, combinés de manière à ce qu'ils pouvaient facilement se substituer les uns aux autres. J'en avais même rendu la manœuvre assez facile. Mais je n'ai pas tardé à m'apercevoir que les interstices qui restent, comme que l'on fasse, entre eux et les parois de la ruche ou les liteaux de suspension, étaient autant d'asiles ouverts aux larves de teignes, qui, réfugiées là comme dans un fort, bravaient impunément les attaques des abeilles et déjouaient ma surveillance. Cet inconvénient me donna à réfléchir, et dès-lors je n'hésitai pas à supprimer les cadres dans l'intérieur de la ruche, les réservant pour les cas exceptionnels, comme celui que je viens de mentionner, et en particulier pour le chapiteau, où la surveillance est facile et où l'inconvénient que j'ai signalé est loin d'exister au même degré. J'ai vu pareils incidents se présenter chez des amateurs qui possédaient des ruches Debauvoys, garnies, comme l'on sait, de cadres du haut jusqu'en bas. Les teignes avaient tellement travaillé dans les interstices, et le tout était noyé dans un tissu de soies et de cocons tellement inextricable, qu'aucune manœuvre n'était possible et que les ruches, devenues inhabitables, ont dû être abandonnées.

Si vous vous étiez ainsi laissé déborder par les teignes et qu'elles eussent rempli la ruche de leurs cocons soyeux, avec les ruches communes le mal serait sans remède ; et il ne vous resterait plus qu'à livrer la ruche au feu, après en avoir fait passer les rares habitants sur une autre ruche que vous auriez mis en bruissement. Encore faudrait-il veiller avec soin sur les papillons, qu'il faut bien se donner garde d'introduire avec elles. Mieux vaudrait dans ce cas sacrifier le tout que d'exposer vos autres ruches à cette dangereuse importation.

En tous cas, c'est une ruche perdue, et l'on ne se résigne pas facilement à cette perte quand on n'a pas déjà son rucher bien garni, à plus forte raison lorsqu'on commence son établissement. Eh bien ! dans ce cas encore, avec ma ruche je puis vous fournir l'ancre de miséricorde qui empêchera votre pauvre navire démantelé d'aller à la dérive et de marcher fatalement à sa perte, corps et biens.

La première chose que vous avez à faire est de vider ou de nettoyer avec soin le chapiteau. Après l'avoir recomposé de tout ce qui est encore bon, vous le remettez en place, en ayant la précaution d'intercaller une case vide entre lui et la case supérieure. Cela fait, vous chassez les abeilles de la case supérieure, partie dans cette case et partie dans la case inférieure ; vous enlevez la case que vous venez de vider des abeilles qu'elle contenait ; vous la nettoyez à fond, la recomposant, s'il est nécessaire, avec les précautions que j'ai détaillées plus haut ; au besoin même, si la ruche est infestée de manière à ce que rien n'en puisse être utilisé, vous en supprimez entièrement les rayons. Cette opération terminée, vous refoulez les abeilles de la case inférieure dans celle que vous avez interposée sous le chapiteau ; puis, après l'avoir minutieusement inspectée, fouillée et re-composée, comme je l'ai dit plus haut, vous remettez le tout en place.

On peut ainsi reformer une case saine avec les débris des deux cases malades, on peut même, le cas échéant, laisser les abeilles sans cire. Elles auront encore le temps de se reconstruire quelques rayons dans la case moyenne pour s'y tenir blotties pendant l'hiver. Si elles n'avaient pu s'acquitter à temps de ce soin, et que vous tinssiez à les conserver, il vous resterait une dernière ressource, ce serait de leur donner pour case moyenne la case inférieure d'une bonne ruche. Mais soyez bien averti que cette ruche exigera de votre part une grande surveillance, tant pour prévenir le retour du mal, que pour empêcher qu'elle ne devienne un foyer d'infection pour vos autres ruches. Vous aurez en outre le soin, à l'automne, de visiter

les provisions par le menu, et de bien veiller à
ce que le tiroir soit toujours fourni, si mieux n'ai-
mez tenir le magasin garni de quelques-uns de vos
cadres de réserve.

Aux prises avec tous ces ennemis et les fléaux
qui menacent à chaque instant de lui ravir le fruit
de ses peines et tarir la source de ses joies, l'apiculteur doit toujours être sur le qui-vive, s'il ne
veut pas se laisser surprendre à l'improviste. Car,
il ne doit pas se le dissimuler, c'est lui, je le répète,
qui est en quelque sorte la vie et comme l'âme de
son rucher ; sans lui ses abeilles , comme des
troupes séparées du général qui les conduisait
à la victoire, se consumeront en vains efforts et
demeureront à la merci de leurs adversaires. De
même qu'une grande épopée guerrière se résume
presque toujours dans une capacité militaire de
premier ordre, ainsi un rucher se personnifie,
pour ainsi dire, dans un homme. Lui présent, tout
s'agite, tout marche, tout prospère ; sans lui tout
languit, tout s'arrête et tout meurt.

Quæque ipse miserrima vidi

Mon beau-père avait réussi, à force de soins
et de persévérance, a créer un vrai rucher-mo-
dèle : sa mort vint malheureusement mettre un
terme à cette prospérité exceptionnelle. Quelques
années étaient à peine écoulées qu'un petit nombre
de ruches, et en assez mauvais état, avaient seules
échappé au désastre général. *Tityrus hinc aberat !..*

Pour moi, soldat encore inexpérimenté dans la grande armée des apiculteurs, en voyant ces troncs à demi renversés, souillés de poussière et couverts des toiles de l'araignée gloutonne, il me revint involontairement en la pensée ce chapitre dans lequel Volney dépeint si poétiquement la désolation planant sur la ville de Zénobie, dont les temples détruits ne se reconnaissent plus aujourd'hui qu'à leurs colonnes renversées et à demi cachées dans le sable du désert.

Je rêvais encore de ce petit vallon, perdu dans un recoin de l'Ile-de-France, où Bernardin-de-St-Pierre a placé la scène de son inimitable pastorale, et je m'écriai avec le vieillard pleurant la perte de *ses enfants* et de ses plus douces illusions : « Chères familles, ces bois qui vous donnaient leur ombrage, ces fontaines qui coulaient pour vous, ces coteaux que vous animiez de votre présence, déplorent encore votre perte. Pour moi, depuis que je ne vous ai plus, je suis comme un ami qui n'a plus d'amis, comme un père qui a perdu ses enfants!... »

Seigneur, préservez-moi, préservez ceux que j'aime,
Frères, parents, amis, et mes ennemis même,
   Dans le mal triomphants,
De jamais voir, Seigneur, l'été sans fleurs vermeilles,
La cage sans oiseaux, la ruche sans abeilles,
   La maison sans enfants !

V. Hugo.

CHAPITRE VIII

Pastor Aristæus, fugiens Peneia Tempe.
Amissis, ut fama. apibus morboque fameque,
Tristis.... multa querens.....
Ibat....

V., *G.*, IV.

L'HISTOIRE de ce berger infortuné, sous le pseudonyme duquel Virgile semble avoir voulu se
peindre lui-même, tant il se complaît à nous intéresser à son malheur, ne se renouvelle que trop
souvent chaque année pour un bon nombre de pro-
priétaires d'abeilles ; et, bien que cette perte puisse
en grande partie être mise sur le compte de l'inin-
telligence avec laquelle cette portion intéressante
de sa domesticité se trouve gouvernée par l'homme,
on ne saurait nier qu'il existe des fléaux qui s'abat-

tent parfois sur elles et les déciment cruellement, malgré tous les soins dont il les entoure.

Non tam creber, agens hiemem, ruit æquore turbo
Quam multæ pecudum pestes.....

V., *Georg*, III.

Toutefois, il est des pratiques et des précautions à l'aide desquelles on peut atténuer le mal et prévenir de plus grands désastres.

Parmi les causes qui peuvent amener la perte des abeilles, il en est tout d'abord deux principales : le froid et la disette.

Le froid au simple degré de congélation, ou, comme on dit communément, à zéro, engourdit les abeilles et les plonge dans un état d'asphyxie, pendant la durée de laquelle elles n'ont pas besoin d'aliments. Le dégel les ranime, et alors elles consomment le miel et le pollen amassés durant l'automne. Mais si le froid augmente en intensité ou en durée, il fait périr beaucoup d'abeilles. Il résulte de cette alternative un double inconvénient ; dans les hivers rudes il en périt un grand nombre par l'excès du froid, et, dans les hivers doux, par le manque de vivres.

Les hivers qui leur sont le plus favorables sont donc ceux où un froid modéré, et d'une durée qui ne devient pas trop longue, les entretient dans un état d'engourdissement, pendant lequel elles ne consomment pas leurs provisions.

Les abeilles, en se réunissant et se massant au centre de leur ruche, savent s'entretenir dans un degré de chaleur suffisant pour se garantir d'un froid modéré. Aussi le degré de température que leur agglomération développe dans la ruche surpasse de beaucoup celui de la température extérieure. Un thermomètre placé à l'intérieur de l'une d'elles accusa dix degrés au-dessus de zéro, tandis qu'au dehors il marquait trois degrés de froid.

Plus une ruche sera peuplée, plus la chaleur y sera grande, et moins les abeilles auront à craindre du froid extérieur. Un moyen de prévenir les ravages du froid est donc de veiller à ce que les ruches soient toujours bien peuplées, et d'y suppléer au besoin en les réunissant plusieurs ensemble.

Chose singulière! elles consomment, ainsi réunies, beaucoup moins qu'elles ne l'eussent fait isolément; en sorte qu'une population triple dépense à peine un tiers ou moitié en plus que n'eût fait une ruche seule, et l'épargne sur le miel a lieu dans cette proportion (Gélieu). Excellent moyen d'augmenter sa provision de miel dans les pays où les essaims abondent, et qui devrait engager les régnicoles à renoncer à leur barbare coutume de détruire les abeilles avant l'hiver, pour s'emparer de la totalité de leurs provisions. Ajoutez à cela que les ruches ainsi doublées ou triplées en population donneront, au printemps suivant, de beaux essaims précoces, ce qui augmenterait de beaucoup, par suite, la somme de la récolte de miel. Mais, pour nos pays du sud-est, périodiquement désolés par des sécheresses opiniâtres, et où l'essaimage est loin d'être assuré pour l'année suivante, nous aurions de la peine à nous résoudre à diminuer notre capital, dans le but d'augmenter un revenu éventuel. Trop heureux déjà si nous pouvons conserver intact le nombre de nos ruches.

D'ailleurs il n'est pas prouvé qu'il suffise d'avoir des ruches très-peuplées pour obtenir de beaux essaims. J'ai vu ceux-ci faire défaut pendant quatre années de suite, bien que les ruches fussent généralement très-pleines et en bon état. Nouvelles Mathieu (de la Drôme), avaient-elles prévu que la sécheresse ou des tempêtes contrarieraient leurs essaims ? Toujours est-il que les quatre années, de 1862 à 1865, ont compté parmi les années les plus sèches que nous ayons eues. Dans une partie de la France et de l'Europe occidentale, plantes et arbres ont séché sur place ; les sources ont tari en plus d'un endroit, et bon nombre de ruches ont disparu faute de pouvoir renouveler leurs pertes.

On a remarqué encore que les ruches tenues renfermées dans des celliers, dans des tas de blé, ou enterrées dans des espèces de silos, consommaient moitié moins. Ceux qui se servent de ruches de capacité moyenne, faciles à transporter, pourraient aisément user de ce moyen d'économiser leurs provisions.

Avec mes ruches ce transport n'offrirait aucune difficulté ; mais, comme il m'est très-facile de les

défendre du froid, je préfère, en général, m'éviter
cet embarras. Un simple paillasson dont on se
sert au printemps pour protéger les arbres contre
la gelée, compose tout mon appareil. Je le jette
sur mes ruches placées deux par deux sur un banc
mobile ; je le fixe, pour le défendre du vent, aux
pieds du banc, en avant et en arrière ; deux bottes
de paille garnissent ses à-côtés ; quelques tours
de corde les assujétissent, et font du tout une
hutte improvisée à peu de frais, qui tient la petite peuplade chaudement abritée contre les vents
du nord et les rafales de neige. J'y trouve cet
autre avantage, de tenir mes abeilles à l'abri des
perfides éclaircies du soleil d'hiver et de prolonger
ainsi la durée de leur sommeil, sans toutefois les
priver d'air et de la faculté de sortir, si le temps
devient doux et qu'elles en éprouvent le besoin.

Si j'ai une ruche isolée ou médiocrement peuplée, je recouvre son chapiteau d'un morceau de
panne ou de vieille couverture, par dessus laquelle
je jette une toile cirée grossière, et, après avoir
roulé autour du corps de ruche un lambeau de
même étoffe ou un pagne de joncs, j'assujettis le
tout au moyen de quelques tours de corde.

Enfin, si j'ai une ruche affaiblie par suite de
quelque accident, ou un essaim tardif qui soit en
souffrance et hors d'état d'affronter l'hiver en plein
air, je démonte l'étage inférieur que je remplace
par un socle à tiroir, si ce n'est déjà chose faite,
et je transporte ma ruche dans un cellier ou une

chambre inhabitée et à l'abri de la gelée ; mais il faut avoir soin de tenir la herse baissée pour éviter que les abeilles ne se répandent dans l'appartement, où elles périraient faute de savoir retrouver leur ruche. Si, pendant cette longue réclusion, il se présente une série de beaux jours, je remets la ruche à son ancienne place pour laisser prendre aux recluses quelques ébats au soleil, et se débarrasser de leurs excréments, chose qu'elles répugnent extrêmement à faire dans leur ruche. Ces quelques heures de liberté et d'exercice concourent puissamment à leur bien-être ; mais il ne faut pas tarder à interner de nouveau la ruche, si le temps se rembrunit, ou si des nuits glaciales succèdent à des soleils brillants. A l'aide de ces petits soins et du tiroir de précaution, je suis parvenu à hiverner des ruches très-malades qui, au printemps suivant, grâce à la fécondité de la reine et à l'activité déployée par ses sujettes, ont regagné tout le terrain perdu la saison d'auparavant.

Pour ce qui est de cet autre fléau qu'on nomme la famine, et qui fait périr au printemps le plus grand nombre des ruches qui ont été laissées à leurs propres ressources, quoique en tenant vos ruches bien peuplées et bien nettoyées vous ayez tout lieu d'espérer qu'elles auront amassé des provisions suffisantes pour leur assurer l'immunité pendant la mauvaise saison, encore faut-il en acquérir la certitude matérielle. Vous obtiendrez ce résultat en les soulevant et en les soupesant, et

mieux encore, en inspectant l'intérieur. Mais je
crois en avoir dit assez sur ce sujet, je n'y revien-
drai donc pas, et me bornerai à traiter ici du genre
de nourriture qu'on doit donner aux abeilles pour
les prémunir contre la disette.

La première nourriture avant tout, pour elles,
est le miel. On peut bien provisoirement le remplacer par d'autres substances sucrées, mais cela
ne peut durer qu'un certain temps, passé lequel
leur santé s'en trouverait altérée. Un bon apiculteur ne doit jamais se laisser surprendre, et avoir
toujours en réserve quelques rayons de bon miel,
ou du miel en pot, pour l'offrir au besoin à ses ruches menacées de la disette. Quelques gâteaux du
miel enfuté par les abeilles dans de la cire noire
de l'année précédente, et qu'il aura mis de côté à
sa taille du printemps, pourront être substitués
avec avantage aux rayons du chapiteau qui sont
vides, ou bien on les déposera dans le tiroir, si le
magasin est encore garni de rayons à demi pleins.
Si l'on a adopté mes cadres mobiles, rien de plus
aisé que d'effectuer ces changements tous les
quinze jours ou tous les mois. On a soin toutefois
d'y procéder par un temps doux ; mais, si on n'a-
vait pas le loisir d'attendre cette circonstance favorable, les abeilles, protégées contre l'influence du
froid du dehors par la planchette qui sert d'intermédiaire entre le chapiteau et la case centrale où
elles se tiennent pressées pendant l'hiver, n'auraient rien à craindre du froid, pourvu qu'on

opérât promptement et qu'on refermât vite et exactement.

Si, par imprévoyance ou autre cause, on était privé de cette ressource, on recourrait au miel coulé que l'on verserait sur un rayon vide à cellules du grand module, ou dans des tuyaux de plume ou des roseaux placés côte à côte, à l'instar des anciens (*mella arundineis inferre canalibus*); ou bien aux sirops et conserves de fruits, tels que le raisiné, le poiré, la marmelade de pommes, le sucre brut, la mélasse, que l'on place dans le tiroir, et, mieux encore, dans le chapiteau à l'aide du mellifère (1).

(1) Petite caisse en ferblanc, adaptée à la dimension de la porte du magasin, et dans laquelle on dépose des fragments de gâteaux encore remplis de miel, ou du miel liquide, ou bien les divers sirops nutritifs et médicamenteux.

Dans tous les cas où l'on aura recours aux préparations liquides, il importe de les recouvrir d'une surface solide sur laquelle les abeilles puissent se poser pour sucer en toute sécurité les préparations, sans être exposées à s'y engluer ou à s'y noyer. Les papiers et cartons percés à jour ne sont pas sans danger; ils se laissent trop aisément péné_ trer par l'humidité et s'enfoncent dans les préparations que l'on croyait assez consistantes, et que la chaleur, jointe à l'humidité de la ruche, ont liquéfiées. C'est à la suite d'accidents regrettables de ce genre que je leur préfère de beaucoup, aujourd'hui, une petite planchette mince, s'emboîtant parfaitement dans l'auge (qui doit être à

Je fais, à défaut d'autre ressource, un sirop composé d'une partie de mélasse, une de sucre brut et autant de miel, le tout délayé dans une suffisante quantité de bon vin, et ramené par la coction à une consistance convenable pour être gardé sans altération. Ce sirop à odeur de miel est bien goûté par les abeilles, qui ne paraissent pas souffrir de son usage, et le prix de revient est de 1 franc le kilogramme.

Certains éducateurs d'abeilles ont coutume de donner en pâture à leurs abeilles de la farine de fève, prétendant qu'elles retirent de cette farine une matière analogue au pollen; on a encore préconisé en semblable occurrence le tourteau de colza. On s'étonnera moins qu'elles puissent retirer de cette substance une matière alimentaire à leur usage, si l'on se rappelle avec quelle avidité elles se jettent sur le colza en fleur, dont les plates-bandes d'un jaune d'or sont les premières à émailler nos champs encore tout engourdis par le froid de l'hiver.

angles droits), à la réserve d'un peu de jeu, de manière à laisser un espace de 2 à 3 millimètres entre elle et ses bords. Les abeilles se répandent sur cette surface sèche et sucent tout autour la liqueur que le poids de la planchette et l'attraction capillaire attirent dans cette fente circulaire. On pourrait encore percer, par-ci par-là, quelques trous sur sa surface à l'aide d'un vilebrequin; mais il faut bien prendre garde à ce qu'une préparation trop liquide ne vînt déborder par ces ouvertures.

D'autres se contentent de faire un bouillon avec les fèves et de les leur servir sous cette forme, qui paraît être fort à leur convenance.

Du reste, que l'on ait recours au tourteau de colza, ou à la farine de fève, il faut émietter avec soin ces substances dans le tiroir et les recouvrir, ainsi que je l'ai déjà recommandé plus haut, d'une petite planchette ou d'un carton percé de trous, afin d'éviter que les abeilles tombant des rayons, dans leurs petites luttes entre elles, ne viennent y souiller leurs ailes d'une poussière grasse qui serait d'un grand inconvénient pour elles.

Mais cette nourriture anormale et en dehors de leurs habitudes, est sujette, il faut bien l'avouer, à plus d'un inconvénient : elle finit à la longue par altérer leur santé et les dispose à la diarrhée ou à une véritable dyssenterie qui peut avoir les conséquences les plus graves. On s'en aperçoit bien vite aux déjections liquides que l'on voit dans les environs et jusque sur le tablier de la ruche.

Il faut, dès que l'on s'en aperçoit, se hâter de prévenir la gravité du mal et en empêcher l'extension, en se procurant à tout prix quelques gâteaux de bon miel ou du miel coulé très-pur, que lon répand dans le tiroir avec les précautions indiquées.

Si vous avez des ruches à cadres mobiles, rien de plus simple que d'emprunter un ou deux cadres pleins à des ruches bien pourvues, pour en faire l'aumône à vos pauvres malades ; à défaut de ce, vous leur versez tous les jours ou tous les deux jours, en mettant en usage les précautions recommandées, un peu du sirop ci-après :

> Prenez bon vin rouge,   4 litres.
>   Miel blanc,   2 kil.
>   Sucre en pain,   1 kil. 500 gr.

Faites bouillir à petit feu, écumez légèrement, faites réduire à consistance de sirop et conservez dans des bouteilles bien bouchées et tenues au frais.

Ayez soin, en distribuant cette panacée, chaque matin, d'approprier la ruche et de la parfumer avec quelque herbe aromatique ou une forte infusion de sauge dans du bon vin vieux, avec laquelle vous lavez toutes les parties que vous pourrez atteindre, à l'aide d'une éponge placée au bout d'une baguette.

Les abeilles, comme l'homme et tous les animaux, subissent les influences délétères inhérentes aux grandes agglomérations.

> *Quoniam casus apibus quoque nostros*
> *Vita tulit, tristi languebunt corpora morbo.*

Et bien que personne, si ce n'est le Créateur, ne leur ait enseigné les lois de l'hygiène publique, elles savent fort bien remédier à la viciation de l'air à l'intérieur de leur habitation, en pratiquant une ventilation à double courant au moyen de leurs ailes vivement agitées, en s'échelonnant du bas en haut de la ruche et du haut en bas, de la

même manière que nous formons la chaîne en cas
d'incendie. C'est par suite toujours de cette hygiène
bien entendue qu'elles enlèvent avec le plus
grand soin leurs morts et les emportent au loin,
pour que l'accumulation de tous ces petits cadavres ne puisse engendrer d'infection (1).

Nous les avons vues ailleurs embaumer les
corps de ceux de leurs ennemis que leur trop
grand volume ne leur permettait pas de transporter au dehors; mais il est d'aventure telles cir-
contances climatériques qui mettent toute leur
sagacité en défaut. Ainsi, il peut arriver que pendant l'interminable durée de certaines pluies de
printemps ou d'automne, elles ne ramassent à
grand'peine qu'un miel altéré et fermentescible ou
un pollen avarié, qui ne tarde pas à s'aigrir et à se
couvrir de moisissures. Le mal s'étend de proche
en proche, et bientôt une sorte de pourriture ga-
gne des rayons entiers. Les pauvres abeilles, réduites à se nourrir, elles et leurs larves, de cet aliment dénaturé, sont au bout de quelques jours
atteintes de la dyssenterie. Le mal s'augmente de
la mort du couvain, dont les corps mous et abondants en sucs corrompent bientôt, par la putréfaction qui s'en empare, l'air de la ruche, que les
abeilles languissantes sont impuissantes à renou-

(1)   . . . . . *Tùm corpora luce carentum*
        Exportant tectis et tristia funera ducunt.

veler. Parvenu à ce point, le mal prend la forme
et tout le caractère d'une épidémie des plus meur-
trières ; les malheureuses s'empêtrent, sans pouvoir s'en défendre, dans les matières visqueuses
qui suintent des cellules occupées par le couvain
gâté, et s'engluent l'une l'autre au contact des déjections liquides dont tout le bas de la ruche est
souillé.

> *Contactuque omnia fœdant*
> . *Immundo...*
>
> V., *En.*, III.

La fermentation putride s'accroît de tous ces cadavres amoncelés, et, si l'on n'y prend garde,
l'infection de cette ruche va s'étendre de proche
en proche à tout le rucher.

La première chose à faire dans ce cas est de se
dépêcher d'ouvrir la ruche ; de retrancher jusque
dans le vif tout le couvain gâté ; de nettoyer avec
grand soin les parois et le tablier de la ruche, sur
lequel vous répandrez du sable bien sec, ou de la
sciure de bois, que vous renouvellerez souvent ;
enfin, après avoir enlevé avec la plus rigoureuse
précision tout ce qui serait de nature à servir de
ferment à l'épidémie, d'établir le tiroir, dans lequel
vous verserez chaque jour quelques cuillerées du
sirop toni-nutritif ci-dessus, que vous pourrez rendre antiseptique en ajoutant à sa décoction un
peu de bon quinquina rouge, d'écorces d'orange,
canelle, girofle, etc ; et, par surcroît de précaution,

de garnir le magasin d'un ou deux rayons d'excellent miel emprunté à quelque ruche du voisinage.

Si, malgré tous vos soins, le mal continue et menace de s'étendre, il faut vous hâter de mettre en quarantaine la ruche infectée : la tenant fermée et à l'écart, ouvrant seulement aux abeilles queques moments le soir pour donner un peu d'air et d'exercice aux convalescentes, sans oublier de faire chaque matin un pansement minutieux, d'opérer la levée des corps, et de pratiquer les lotions et fumigations aromatiques conseillées plus haut.

Les autres maladies signalées par les auteurs, telles que les poux, la dénudation du corcelet, le vertige, l'atrophie des antennes, ne reconnaissant en général pour cause que la malpropreté et la mauvaise tenue des ruches, ou la démoralisation causée par de longues souffrances, toutes et quantes choses inconnues aux apiculteurs qui soignent convenablement leurs ruches, n'ont d'autre remède que la cessation des mauvais errements employés et le retour à une hygiène plus rationnelle. Une plus grande aération ; au besoin, un changement successif d'étages, un nettoiement complet, l'usage d'aliments de meilleure qualité et du sirop conseillé dans le paragraphe précédent, achèveront la cure.

A l'aide de ces soins bien entendus, on voit les abeilles souffreteuses reprendre peu à peu de la force et du courage, le goût du travail renaître, et

la vie, avec tout son entrain, reparaître dans la
ruche languissante.

> *Dulcis compositis spiravit crinibus aura*
> *Atque habilis membris venit vigor.*
>
> VIRG., *Georg.*, III.

Les abeilles, comme tous les êtres en général,
sont assujetties à la grande loi de solidarité qui
les soumet dans certaines circonstances au *para-
sitisme*, invasion, parfois soudaine, d'animalcules
qui vient rompre l'équilibre des actions naturelles,
et peut aller, à un moment donné, jusqu'à consti-
tuer un véritable fléau (1).

D'où viennent ces parasites, qui, en suçant les
substances vitales des végétaux et des animaux,
les conduisent ainsi fatalement à une mort lente
et inévitable? Encore un mystère à éclaircir. On
savait bien que le plus petit insecte nourrissait
comme l'animal un certain nombre de parasites
particuliers à sa nature, mais on n'avait pas
encore été aussi loin dans cette découverte que
M. Bertsch.

A l'aide d'un microscope de son invention, il a
pu étudier en détail le parasite de l'abeille.

Mais bientôt que découvre-t-il sur ce parasite lui-
même? un autre parasite!... et non seulement il

(1)   . . . . . . on ne voit sous les cieux
    Nul animal, nul être, aucune créature
    Qui n'ait son opposé; c'est la loi de nature.
               LAFONTAINE, XII, f. 8.

le voit, mais il le photographie! En examinant cet animal mystérieux dont la forme semble le fruit d'une imagination en délire, on se demande où finit cette série d'êtres superposés, et où elle commence (1).

Si l'on en croit M. Duchemin, le parasite de l'abeille serait un insecte du genre acarus que recèle une plante, l'*Hélianthus annuus*.

Est-ce l'abeille qui dépose sur cette plante son parasite, ou est-ce la fleur qui communique à l'abeille le parasite, qui, une fois attaché aux flancs de la victime, s'y cramponne avec ses griffes et en ronge, en perfore la carapace jusqu'à ce que mort s'en suive?...

« En 1865, dit l'observateur précité, j'ai passé tout un été à chercher à résoudre cette question si intéressante à tous les points de vue. Après avoir protégé entièrement la plante de tout contact extérieur, j'ai découvert encore sur elle l'acare destructeur. »

« Je crois donc pouvoir affirmer que l'ennemi invisible de l'abeille naît sur l'*Hélianthus annuus*, et que cette plante est, par ce fait, désastreuse pour la vie de la mouche utile que la main de l'homme ne saurait trop protéger. (2) »

Mais s'il est facile de constater l'invasion de

(1) *Les Ravageurs*, par M. de la Blachère. (Paris, Rotschild, 1866.)

(2) *Répertoire de Pharmacie*, janvier 1866.

ces parasites chez nos abeilles, il est difficile, en
revanche, d'indiquer comment il serait possible de
les en débarrasser une fois qu'elles s'en trouveront
atteintes. Impossible de les saisir pour les nettoyer, à moins de les asphyxier préalablement. Les
poudrer avec quelque substance délétère? Il n'y
faut pas songer. Redoubler de propreté; donner
quelques aliments toniques; isoler les ruches atteintes, afin d'empêcher l'extension du fléau : voilà,
je crois, tout ce que peut l'apiculteur pour venir
en aide aux pauvres patientes, en attendant que le
temps et la Providence fassent le reste.

Je borne là les indications générales applicables
aux invasions épidémiques. On comprend qu'il soit
impossible de tout prévoir, les indications devant
varier suivant les circonstances elles-mêmes qui
peuvent se présenter. C'est à l'apiculteur intelligent à se créer des ressources dans les cas exceptionnels ; la pratique lui en apprendra plus que
tous les préceptes que je pourrais formuler ici.

CHAPITRE IX

DES ESSAIMS ET SPÉCIALEMENT DES ESSAIMS NATURELS

Nullis hominum cogentibus, ipsœ
Sponte suâ veniunt...

V.

§ 1.

L'ESSAIMAGE est une crise périodique à laquelle toutes les ruches sont assujetties. Que l'on donne ou non de l'espace aux abeilles ; que l'on multiplie leurs provisions ; qu'on leur donne enfin toutes les aisances possibles, elles n'en partiront pas moins pour aller fonder de nouveaux établissements lorsque viendra pour elles le moment marqué par la nature.

Comme les oiseaux migrateurs qui partent invariablement à une époque déterminée, elles obéissent à une loi de la Providence qui a pour but de les disséminer de proche en proche et de les répandre par toute la terre.

Lorsque, aux premiers jours du monde, Dieu dit

à l'homme : « Croissez et multipliez, et remplissez
« la terre (1), » il étendit implicitement le même
précepte aux abeilles.

> *Ipse hæc ferre jubet mandata per auras.*
>
> V., *En.*, IV.

C'est au moment où la reine est le plus fêtée et
choyée par tout ce peuple, qui est son ouvrage,
qu'elle prend tout d'un coup une grande détermination.

Déjà de nouvelles héritières de sa puissance
sont nées ou prêtes à naître ; la ruche, pleine à ne
pas s'y reconnaître, regorge de travailleuses vives,
alertes et remplies d'entrain ; au dehors un soleil
resplendissant embrase l'atmosphère, et cette chaleur, accrue encore par l'imminence d'un orage,
fait ressentir au-dedans son contre-coup. L'instant
est favorable : il faut le saisir au passage — *occasio
præceps.* — Son parti est bientôt pris : elle fuira
ces lieux qui menacent de n'être bientôt qu'une
arène ensanglantée par les jalouses fureurs de sa
royale lignée. Elle, naguère si calme et si paisible,
se met tout d'un coup à parcourir la ruche comme
une insensée , faisant entendre le petit cri stri-
dent qui est le signal du départ.

> *At regina dolos . . . .*
> *Præsensit, motusque excepit prima futuros ;...*
> *Sævit inops animi, totamque incensa per urbem*
> *Bacchatur...*
>
> VIRG., EN., IV.

(1) GENÈSE, I., 28.

A ce bruit inusité, tous les travaux restent suspendus ; les cirières, les nourrices, les maçonnes, se précipitent éperdues sur les pas de leur reine. Toutes, sans hésiter, s'élancent au dehors : elles ne marchent pas, elles semblent couler par l'étroite ouverture, comme l'eau qui fuit d'une fontaine, ou la poudre d'or du sablier qui marque la fuite des heures.

> *Ut æstivis effusus nubibus imber*
> *Erupère...*

Les abeilles rentrant du dehors, les cuisses toutes chargées encore du pollen, prennent part, elles aussi, à l'agitation générale, et grossissent de leur nombre l'escadron volant. Bientôt tout tourbillonne en l'air, en exécutant une *fantasia* furibonde, dont le bourdonnement tout particulier se fait entendre dans un rayon assez étendu (1). Puis, au bout de quelques instants, lassée de cette course vertigineuse, la reine s'abat, le plus souvent, sur une branche d'arbre, et son nombreux et bruyant cortége vient se grouper autour d'elle comme la grappe énorme d'un raisin de la terre de Chanaan (2).

(1) . . . . *concurritur ; æthere in alto*
Fit sonitus ; magnum mixtæ glomerantur in orbem.
Præcipitesque cadunt ; . . . .

(2) . . . . *.jamque arbore summa*
Confluere, et lentis uvam demittere ramis.

Virg., Georg., iv.

Le nombre des abeilles qui prennent part à cette émigration est considérable. On compte parfois de quinze à vingt mille mouches dans un essaim dont le poids varie de 1 à 3 kilogrammes. Un essaim médiocre ne se compose guère que de huit à douze mille abeilles ; et les petits essaims de juillet en comptent à peine de trois à six mille.

La formation de cette grappe vivante n'est qu'une halte plus ou moins longue, en attendant que les abeilles fourrières, parties en avant en éclaireurs, reviennent prendre la tête de la caravane et la guider vers l'endroit choisi pour y établir les nouveaux pénates. Si vous n'y prenez garde, l'essaim reposé va bientôt reprendre son vol et se diriger cette fois, sans que rien puisse l'arrêter, droit au lieu où l'appelle sa destinée.

> La liberté, les bois, suivre leur appétit,
> Voilà leurs délices suprêmes.
>
> La Fontaine.

Mais vous avez une ruche toute prête ; vous l'avez préalablement frottée d'herbes aromatiques et garnie de miel à sa partie supérieure. Vous vous approchez de l'essaim, sans y mettre trop de précipitation, la ruche renversée et tenue de la main gauche appuyée sur le genou ; puis, lorsqu'elle est bien engagée sous la grappe vivante, dont vous faites entrer le plus que vous pouvez dans la ruche même, d'un coup sec et vif appliqué de la main droite sur la branche qui porte l'essaim, vous le faites tomber tout d'un bloc dans la ruche ; vous retournez celle-ci vivement et la placez sur son rebord inférieur, reposant lui-même sur deux bâtons, afin de ne point écraser les abeilles qui se seront posées sur ce rebord. Si vous avez agi avec adresse, et si la reine se trouve au nombre des abeilles internées, celles qui seront tombées tout à l'entour ne tarderont pas à pénétrer dans l'intérieur de la ruche, et à se comporter de manière à vous annoncer une prise de possession.

Si la reine n'est pas au nombre des abeilles tombées dans la ruche, vous ne tarderez pas à vous en apercevoir au groupe qui tend à se reformer autour d'elle ; il faudra alors vous hâter de le couvrir avec précaution de votre ruche, et tout se comportera au bout de quelques instants comme je viens de l'expliquer.

Au lieu d'être suspendu en grappe à l'extrémité d'une branche, l'essaim est-il situé dans l'écartement de deux fortes branches, ou appliqué contre le tronc de l'arbre lui-même ? Si l'essaim est à bonne portée, après avoir placé la ruche au-dessous de lui, ainsi qu'il a été dit plus haut, ou tenue par un aide si sa position est trop élevée, l'apiculteur, à l'aide de ses deux mains gantées, fait descendre peu à peu les abeilles vers la ruche en les poussant tout doucement, sans appuyer ; ou bien il se sert d'un plumeau, ou d'une large cueillère à pot, s'il est inexpérimenté et qu'il craigne les piqûres. Ordinairement tout se passe assez bien, et l'essaim s'établit aussi facilement que dans le cas précédent.

Cependant il est telle circonstance qui peut en redoubler la difficulté ; comme lorsqu'il est placé, par exemple, à l'extrémité d'une branche fort élevée. Dans ce cas, la ruche, réduite à sa plus simple expression (c'est-à-dire à un simple corps de ruche, ou même à un seul étage), et assujettie à une sorte de fourche en fer faite en forme de bascule, de manière à laisser toujours l'ouverture de la ruche en l'air, est maintenue à l'aide d'une forte perche au-dessous de l'essaim et aussi près que possible, pendant que l'opérateur, au moyen d'un échenilloir, ou qu'un aide, grimpé sur l'arbre, tranche la branche d'un coup sec ; celle-ci tombe sur la ruche, dans laquelle les abeilles sont reçues comme dans les cas relatés plus haut.

Si l'essaim, dans sa position élevée, occupe le corps d'une grosse branche ou l'aisselle de deux fortes branches, il faut se servir d'une échelle et opérer comme il a été dit à propos de cette complication ; enfin, dans les cas les plus difficiles, employer la boîte à essaim, comme il sera expliqué tout à l'heure.

La reine, dans son humeur capricieuse, peut s'être posée à terre et l'essaim l'y a suivie. Ce que vous avez à faire alors est de placer la ruche sur l'essaim avec les précautions convenables : les abeilles, affriandées par le miel dont vous l'aurez enduite, ne se feront pas prier pour y monter ;

puis, enchantées de se trouver en pays de coca-
gne, elles ne feront pas difficulté de s'y établir à
demeure.

Se sont-elles fixées contre un mur, dont elles tapissent en entier la surface? fixez avec de fortes
crosses votre ruche contre ce mur dans l'endroit
le plus serré du bataillon, où il est à présumer que
doit se trouver la reine ; ou, si vous êtes assez ex-
périmenté, cherchez de l'œil celle-ci, saisissez-la,
et placez-là sans façon dans la ruche; puis, avec un
plumeau, dirigez graduellement les abeilles vers ce
centre d'attraction. Si vous craignez que l'opération traîne en longueur, aspergez les abeilles d'un
peu d'eau miellée, ou simplement de l'eau qui sera
à votre portée ; vous empêchez par là qu'en prenant leur vol elles ne vous faussent compagnie. Si
vous êtes trop gêné pour opérer convenablement,
suspendez par son fond à un clou, le sac à essaim
bien graissé de miel, et tenez-le à bonne portée ;
bientôt les fugitives s'y rendront en vraies gourmandes. Pendant ce temps, vous, de votre côté,
vous pressez avec le plumeau les paresseuses, et,
lorsque vous avez réussi à vous emparer du gros
de l'armée, vous placez le sac à essaim sous une
ruche préalablement emmiellée ; vous recouvrez
le tout d'un drap, et bientôt vous avez la satisfaction de voir les abeilles s'établir à poste fixe dans
le domicile que vous avez si libéralement mis à
leur disposition.

C'est par le même procédé encore que vous

viendrez à bout de vous emparer de celles qui se seraient logées dans le haut d'une cheminée, lieu qu'elles affectionnent assez, surtout dans les environs des villes, où les abris leur font souvent défaut. Mais si, ce qu'on a vu plus d'une fois, elles s'étaient établies dans le milieu de la gaîne de la cheminée, le cas devient plus embarrassant, et ce que vous auriez de mieux à faire, serait de faire monter sur le toit un homme pourvu d'une longue corde, de lui faire descendre cette corde, garnie d'une pierre à son extrémité, jusqu'à la gorge de la cheminée ; puis, substituant à cette pierre le sac à essaim garni d'un cercle d'osier ou de fil de fer, de faire tirer à soi le sac par la personne située sur le toit. Vous laissez reposer quelque temps le sac à essaim sur le haut de la cheminée, en le maintenant gonflé comme un petit ballon par quelques cercles d'osier ; et si, dans le trajet que vous lui avez fait faire, vous avez été assez heureux pour recueillir la reine, l'essaim viendra peu à peu se grouper autour d'elle. Dans le cas contraire, c'est à recommencer, jusqu'à ce que la chance vous ait été plus favorable.

Dans ce mode d'opérer, comme dans les cas difficiles dont j'ai parlé précédemment, je n'ai pas besoin d'ajouter que l'opérateur doit être bien armé, c'est-à-dire affublé de manière à n'avoir rien à redouter des piqûres ; car si les abeilles sont généralement inoffensives quand on recueille leurs essaims commodément placés, il n'en est pas tout à fait de même quand on est obligé de les troubler violemment pour les arracher à un commencement de prise de possession, et elles se vengent parfois cruellement de celui dans lequel elles croient voir un ennemi. Toutefois, afin de ne pas me répéter trop souvent, je renvoie les détails de cette précaution au chapitre XII, qui traitera des appareils et instruments.

Enfin, ont-elles fui sous le coup de vos imprudentes provocations, ou bien se sont-elles établies, sans dire gare, dans le tronc pourri d'un vieil arbre, ou dans une anfractuosité de rocher? (1), voici comment, en vous y prenant avec adresse, vous pourrez ramener au bercail ce troupeau vagabond.

Si c'est un arbre, qu'il soit trop gros, mal placé, que vous ne puissiez le scier, ou qu'il vous en coûte de le sacrifier, pratiquez à l'aile d'une vrille ou d'un ciseau, un trou vers la partie supérieure de la cavité, si les abeilles y ont pénétré de bas en haut, ou vers la partie inférieure de cette cavité si elles y sont entrées par en haut. Placez après cela une petite ruche ou le sac à essaim aux abords du trou, ainsi que l'on dispose une bourse à l'entrée du terrier d'un lapin; puis, dirigeant peu à peu de la fumée par l'ouverture opposée, que vous

1) *Sæpè etiam effossis (si vera est fama) latebris*
   Sub terrâ fovere larem, penitùsque repertæ
   Pumicibusque cavis, exesæque arboris antro.

avez agrandie au besoin, vous forcez les abeilles à sortir par l'ouverture que vous avez faite. Mais il faut avoir soin de pousser la fumée par bouffées et sans trop de précipitation, sans quoi vous les verrez s'obstiner à rester dans leur refuge, ou bien à demi suffoquées, s'élancer au dehors toutes éperdues et se disperser sans que vous puissiez espérer les rejoindre.

Une fois sorties et groupées sur l'arbre autour de la ruche, vous n'avez plus qu'à vous comporter ainsi qu'il a été déjà surabondamment expliqué.

§ 2. — ESSAIMS SIMULTANÉS.

Dans un rucher nombreux, deux ou plusieurs essaims peuvent sortir en même temps, se réunir et ne plus former qu'un seul groupe. Loin de déplorer cette réunion, ce que nous avons dit des essaims nombreux et de leurs avantages sur les essaims médiocres, doit au contraire nous faire voir dans cette coïncidence une véritable bonne fortune. Il faut donc bien se donner garde de les séparer, et, en multipliant au besoin les hausses, on parviendra aisément à tout loger à l'aise.

Cependant il peut arriver telle circonstance qui fasse désirer d'en opérer la séparation. Dans ce cas, après s'être convenablement armé, l'apiculteur, tenant un plumeau d'une main, devrait fouiller au milieu du groupe, disperser les abeilles à droite et à gauche, de manière à mettre à découvert l'une

des reines, puis en la tenant momentanément cap-
tive à l'aide d'un fil ou d'une petite cloche en toile
métallique, attirer par son moyen à distance une
partie de cet énorme essaim ; et, lorsqu'il aura
jugé le groupe suffisant, l'interner dans une ruche,
en y adjoignant de force la quantité d'abeilles de
l'autre groupe qu'il jugera convenable.

On conçoit qu'il soit impossible d'ailleurs de
prévoir toutes les complications que les lieux et
les circonstances peuvent amener ; l'habitude,
l'usage et le génie inventif de l'apiculteur devant
suppléer à tout ce que la théorie peut laisser
indécis.

§ 3. — SOINS PRÉVENTIFS DE L'ESSAIMAGE.

Aux prises avec l'humeur vagabonde des abeilles, l'apiculteur, afin de ne point se trouver pris au
dépourvu, a dû chercher s'il n'était point quelques
signes à l'aide desquels il lui fût possible de prévoir cette émigration prochaine, afin de s'opposer
autant que possible à leur fuite. Il en est même
qui ont poussé la précaution plus loin, et, pour
ôter à leurs abeilles jusqu'à la pensée de tenter les
chances aventureuses du voyage, ils ont placé côte
à côte avec la ruche pleine et en voie d'essaimer,
une ruche vide communiquant avec la première
par un étroit passage, qu'ils se proposaient de fermer plus tard quand les abeilles, alléchées par les
friandises à l'aide desquelles ils les auraient atti-

rées dans cette ruche, se seraient décidées à en faire une annexe de leur demeure. Mais, contrairement à leurs prévisions, et malgré toutes les commodités mises à leur portée, l'instinct migrateur des abeilles a continué à prévaloir ; et, si on les a vues parfois s'y établir, ce n'a été qu'à titre d'usufruitières, c'est-à-dire qu'elles y ont bien installé des magasins supplémentaires ; mais elles ont continué de pondre et de se reproduire comme d'habitude dans la vieille ruche, et malgré cet agrandissement de territoire, elles n'en persistaient pas moins à lancer au dehors leurs essaims, lorsque le moment de cette émigration était venue.

Séduit, comme tant d'autres, par la facilité offerte en théorie par ce système, j'avais voulu, moi aussi, le mettre en pratique ; mais je me suis bien vite empressé d'y renoncer : les abeilles qui avaient passé dans la ruche vide finissaient quelquefois par oublier le chemin de l'ancienne, au point de s'y laisser mourir de froid ou de faim pendans les mauvais temps, lorsque leurs concitoyennes n'y avaient pas emmagasiné de provisions ; ou bien, traitées en étrangères par les habitantes de la mère-patrie, elles étaient repoussées et mises à mort lorsque, lassées de leur abandon, elles tentaient de se rapatrier.

M. Féburier, inventeur d'un système de ruches reposant sur un même ordre d'idées, déjà du reste mis eu usage par le pasteur Gélieu et repris depuis en sous-œuvre par bon nombre d'apiculteurs, .

M. Féburier, avait imaginé une ruche divisée en deux par une cloison verticale, susceptible à un moment donné de se séparer en deux moitiés, dont chacune devait se comporter comme une ruche entière. Mais ce moyen, qui entraîne un changement brusque et violent, n'ayant aucune des conditions spontanées essentielles pour caractériser un essaim naturel, nous renvoyons au chapitre qui traitera ce genre d'essaim notre appréciation de ce système.

Les apiculteurs prévoyants se contentent aujourd'hui de placer, dans les environs du rucher, des ruches d'attente qu'ils ont soin de frotter de miel et de quelques herbes aromatiques dans l'espoir de décider les abeilles à s'y fixer ; mais, voyez la contrariété !

Nosti ingenium mulierum ? ubi velis nolunt...

les inconstantes dédaignent ce qui est à leur portée et courent chercher au loin ce qu'on leur offre sous la main avec tant de générosité.

> Certain esprit de liberté
> Leur fait chercher fortune ; elles vont en voyage
> Vers les endroits du pâturage
> Les moins fréquentés des humains.
> Là, s'il est quelque lieu sans route et sans chemins,
> Un rocher, quelque mont pendant en précipices,
> C'est où ces dames vont promener leurs caprices.
>
> LAFONT., XII, f. 4.

Et si parfois des essaims en campagne viennent prendre possession de vos ruches d'attente, l

colonie proviendra des autres ruches de la localité.
Il s'établit ainsi un système de libre échange entre
les ruches d'un même canton. Chacun devant retirer de ce va-et-vient un avantage réciproque, tout
serait pour le mieux dans le meilleur des mondes,
si la loi n'autorisait le propriétaire ou le *découvreur*
de l'essaim à le suivre tambour battant, et à venir,
à la faveur du charivari traditionnel, le réclamer
envers et contre tous, jusque dans les lieux où il
est venu se réfugier. — *Dura lex, sed lex.* — Pauvres abeilles ! pas plus que certains Etats de **notre**
Europe si bien civilisée, elles n'ont le droit de disposer d'elles-mêmes ; et, comme le nègre fugitif,
elles doivent être restituées à leur seigneur et
maître.

Que faire donc à ces enfants prodigues, impa-
tients de quitter le toit maternel et brûlant de
se livrer à l'inconnu, aux risques de se trouver
aux prises avec la faim, le froid et tant d'autres
déceptions qui les attendent ?

> ....*Galle, quid insanis ? tua cura Lycoris*
> *Perque nives alium, perque horrida castra secuta est.*

Comme vous le voyez, il vous importe au plus
haut point de ne pas vous laisser surprendre par
ces brusques départs, et voici à quels signes vous
pouvez prévoir cet instant :

§ 4. — SIGNES D'ESSAIMAGE.

Ces signes se divisent en signes précurseurs et en signes prochains. Parmi les premiers on signale l'apparition des faux bourdons et les évolutions qu'ils exécutent pour la première fois par le soleil de midi au-devant la ruche, les groupes ou faux-essaims que les abeilles forment sur le tablier ou autour des ouvertures de la ruche. Lorsqu'à ces signes se joint au-dedans de la ruche un bourdonnement plus fort que d'habitude, annonçant un grand tumulte, et dans lequel dominent de temps en temps des sons clairs et aigus, on peut se préparer à ramasser un essaim pour le lendemain, si toutefois le temps est convenable.

Ces présomptions augmentent si la journée qui succède est d'une chaleur étouffante et annonce de l'orage, et qu'en même temps les abeilles de la ruche en voie d'enfantement demeurent oisives, quoique le temps semble les inviter au travail. Parties en petit nombre ce jour-là, elles ont hâte de revenir et demeurent sur le tablier chargées de leur récolte, sans qu'aucune de leurs compagnes s'empresse de venir au-devant d'elles pour les reconnaître ou les aider à se décharger de leur précieux fardeau. Enfin, lorsque le bourdonnement signalé la veille cesse tout à coup, on peut être assuré que les abeilles sont en train de piller les magasins, qu'elles se munissent à tout hasard de provisions pour le voyage, et vont bientôt s'élancer pleines d'ardeur pour mettre à exécution le grand projet qu'elles mûrissaient depuis quelques jours.

L'heure la plus propice pour ce départ est depuis dix heures du matin jusqu'à trois heures de l'après-midi ; un peu avancée d'ordinaire pour les ruches tournées au levant, elle se trouve retardée d'autant pour celles dont l'exposition décline vers le couchant.

L'époque des essaims varie, du reste, pour les diverses latitudes. Pour nos pays du centre, elle s'étend d'ordinaire des premiers jours de mai aux dernirs jours de juin. Tout ce qui avance ou retarde cette échéance amène des chances diversement défavorables. Les essaims trop hâtifs sont exposés à périr de froid et de misère, si quelque retour offensif du *général Hiver* vient assombrir une campagne trop brillante à son début ; et dame Sécheresse attend avec ses désolantes rigueurs les bataillons de conscrits trop lents à se mettre en campagne.

Les essaims qui ont lieu dans le temps moyen sont donc les plus à envier, ceux qui ont le plus de vitalité, le plus de ressources à leur disposition, et, par conséquent, qui réunissent le plus de chances de réussite. Vous ne devez pas non plus les désirer en trop grand nombre. Souhaitez au contraire qu'il vous en arrive peu, mais nombreux en abeilles. — *Non numerandi, sed*

ponderandi, — la qualité l'emporte de beaucoup sur
la quantité. Cela s'explique en ce sens que le temps
de la récolte étant naturellement borné, un essaim bien fourni et venu en temps opportun
pourra faire, dans l'instant le plus propice pour
la récolte, une bien plus grande quantité de
voyages, et ramasser une provision beaucoup plus
considérable, qu'un essaim médiocre venu un peu
tard, quand la saison des fleurs est déjà avancée.
Les traînards alors, au lieu de l'ample moisson
faite par les premiers, ne font pour ainsi dire
plus que glaner dans le champ qui a déjà été
exploité avant eux. Ce sont bien là vraiment les
ouvriers de la onzième heure : malheureusement
ils ne sont pas rétribués comme ceux dont parle
l'Evangile ; et on peut leur appliquer par contre
le proverbe de l'économiste : « La faim frappe
sans pouvoir y pénétrer à la porte de celui qui se
lève matin, mais elle enfonce celle du paresseux. »

Ergò apibus fœtis atque examine multo
Primus abundare...

Veillez donc, comme à un de vos intérêts les
plus chers, à la sortie des premiers essaims. Ne
confiez ce soin qu'à des personnes sûres, et,
si vous le pouvez, n'abandonnez à personne
autre que vous une si importante fonction. Rap-
pelez-vous l'apologue de l'œil du maître : c'est
une moralité qui revient souvent, surtout à la

campagne, où la ruine et des déceptions de tout genre attendent le négligent et le paresseux.

> . . . . *Pater ipse colendi*
> *Haud facilem esse viam voluit.*

Dieu l'a voulu ainsi ; sa symbolique providence a couvert la terre de ronces et de chardons pour faire comprendre à l'homme que le travail était une tâche qui lui était fatalement imposée. Du reste, il faut bien l'avouer, il est dans le travail, surtout quand on sait le rendre attrayant, une certaine *poincte*, comme dirait Montaigne, qui n'est pas sans quelque plaisir ; c'est ainsi que, pour me servir de l'expression du poète :

> Un beau ciel nous plaît mieux parsemé de nuages ;
> Et qui n'a jamais vu d'orages
> N'a jamais connu le beau temps.

§ 5. — FORMATION DU 2me ESSAIM.

> *Bis gravidos cogunt fœtus.*

Revenons à notre ruche abandonnée. Nous l'avons laissée privée de ses habitants, partis, nouveaux Argonautes, à la recherche de la Toison-d'Or.

> *Ut unquam Colchi Magnesida vidimus Argo,*
> *Insuetum per iter non nota ad littora tendunt.*
> Ov.

Mais, d'instant en instant, les abeilles absentes

rentrant des champs, les occupations momentanément interrompues reprennent leur cours :
toutes se remettent courageusement à l'ouvrage :
chacune redouble de zèle, et semble en quelque
sorte se multiplier pour que rien ne souffre du
départ de la colonie. Sous la pression de ce zèle
ardent, chaque jour voit éclore un grand nombre
de jeunes abeilles, que les nourrices s'empressent
de brosser et de dresser au travail ; enfin, vers le
dixième jour, à compter du premier départ, la
ruche se trouvant tout aussi peuplée qu'auparavant, et les mêmes circonstances venant à se
manifester, un nouvel essaim prend l'essor sous
la conduite de l'une des jeunes reines dernière-
ment écloses.

Di maris et terræ, tempestatibus que potentes,
Ferte viam vento facilem, spirateque secundi !

V., En., ii.

Voici donc de nouvelles chances d'augmenter
vos richesses ; mais ce n'est pas tout encore, et,
dans les bonnes années, il se fait souvent, trois ou
quatre jours après le second essaim, une troisième
émigration. Celle-ci, toutefois, conséquence exa-
gérée d'un principe, n'est souvent pour vous
qu'un bien mince avantage ; elle peut même avoir
des suites désastreuses, car en compensation d'un
essaim chétif et bien risqué dans son avenir, elle
appauvrit la ruche-mère, au point que souvent,
inhabile à réparer ses pertes, elle est sous le

coup de succomber des suites de sa trop grande
fécondité.

> *Il comes ambitio matri, multoque parente*
> *Deterior.....*

Aussi les apiculteurs expérimentés regardent-ils
les troisièmes essaims comme une vraie calamité,
et ils font tout leur possible pour les prévenir (1).
C'est ce que l'on obtient en général en plaçant
une hausse sous la ruche, ou en retirant du magasin quelques cadres remplis de miel, pour donner aux abeilles de l'occupation et les détourner de la
fantaisie d'émigrer. Une fois cette dernière crise
passée, les abeilles restées maîtresses du logis, après
avoir fait choix d'une reine en état de mener à bien
leurs affaires domestiques, tant soit peu troublées
par cette sorte de fièvre éruptive, se défont des
reines surnuméraires et se reprennent d'une belle
ardeur pour remplir les greniers mis à sec par
toutes ces aventurières, qui ont eu grand soin de

____

(1) Le corollaire à tirer de cette observation est que,
lorsqu'on a des essaims de faible valeur, il y a avantage
à les marier ensemble, ce qu'on peut faire aisément lorsqu'on a deux essaims à vingt-quatre et même à quarante-
huit heures de distance. Au-delà de ce terme on aurait à
redouter d'amener du trouble et de dangereux combats
entre les abeilles déjà établies et les nouvelles venues.

Si l'on n'avait qu'un seul essaim tardif ou mal venu, il
serait plus simple de le faire passer sur une ruche ancienne, après avoir mis celle-ci en bruissement.

ne pas s'embarquer sans s'approvisionner de biscuit pour le voyage. D'ailleurs, le temps est venu
de songer sérieusement à l'hiver. Encore un peu
de temps, et les sources de leur industrie vont être
taries ; le temps presse, il faut se hâter..... *Hiems
ignava colono.*

§ 6. — QUAND EMPORTER LES ESSAIMS ?

Les essaims recueillis, faut-il les laisser en
place jusqu'au soir, ou les emporter sans retard
à la place qui leur est destinée ? Voilà une question que l'on peut adresser et qui a été résolue
d'une manière toute différente par les auteurs.

Les uns veulent qu'au bout d'une demi-heure
ou une heure, alors que toutes les abeilles de l'essaim sont entrées dans la ruche, on emporte celle-ci
sans coup férir à l'endroit où elle doit définitivement rester. Ils donnent pour raison que les
abeilles que l'on a laissé longtemps à la place où
on les a recueillies, en ont déjà pris l'orientation
et continuent pendant quelques jours à s'y rendre.
Mais cet inconvénient n'est que passager, et je préfère pour mon compte laisser l'essaim jusqu'au soir,
en ayant soin de l'abriter, contre l'ardeur du soleil,
par un drap ou une couverture, soulevés au moyen
d'un ou deux piquets. Les abeilles ont mieux le
temps de s'habituer à leur ruche ; elles y ont fait
même quelque commencement de travaux indi-
quant une prise de possession ; on craint moins de

les voir fuir en les dérangeant intempestivement :
et, si, le lendemain et les jours suivants, quelques-
unes d'entre elles retournent au lieu de leur
premier établissement, ces allées et venues cessent
bientôt, et tout ne tarde pas à rentrer dans
l'ordre

On a recommandé encore d'éviter de placer
l'essaim trop près de la ruche d'où il est parti,
de crainte que quelques-unes d'entre les abeilles,
cédant à leur ancienne habitude, ne continuent
à en prendre le chemin ; mais cette précaution,
bonne peut-être pour ceux qui ont la coutume
de transporter de suite l'essaim au rucher, ne m'a
pas paru nécessaire quand on n'exécute ce transport que le soir ; j'ai souvent placé des essaims
côte à côte avec leur ancien domicile sans m'être
aperçu de l'inconvénient signalé.

Je croirais laisser ce chapitre inachevé si je
n'ajoutais ici quelques mots touchant une question des plus importantes en apiculture ; je veux
dire la réunion ou le mariage des essaims.

Les apiculteurs encore novices accueillent avec
une faveur marquée tous les essaims et s'empressent de leur faire un établissement à part. Le
plaisir d'avoir un rucher nombreux, qu'ils puissent
montrer avec orgueil, prime à leurs yeux toute
autre considération. Mais ceux dont le temps a
muri l'expérience, et qui connaissent l'immense
supériorité d'un seul essaim bien fourni sur une

foule d'essaims médiocres, savent borner leur ambition à un petit nombre de ruches, qu'ils s'étudient à rendre très-productives en forçant autant que possible la population. Cette pratique judicieuse est basée sur cet axiome en apiculture, l'un des plus féconds en résultats pratiques, à savoir que les abeilles ne travaillent pas *en proportion* de leur nombre mais *en progression*.

Soit un essaim comptant 2 kil. d'abeilles, qui dans huit jours ramasseront 10 kil. de miel ; un nombre double d'abeilles devrait en ramasser 20 kil. dans le même temps et les mêmes conditions. Cependant, ce qui est admirable, c'est qu'au lieu du double, elles ramassent le triple et le quadruple. Il y a donc un immense avantage à rendre les ruches aussi fortes que possible. Cela tient à ce que les ruches fortes travaillent une heure plus tôt le matin et une heure plus tard le soir ; et encore à ce qu'un plus grand nombre de butineuses s'élancent à la fois pendant les meilleures heures du jour et le meilleur moment de l'année. D'autre part, les abeilles de cette ruche nouvelle si bien peuplée sont plus grosses, plus fortes, plus vigoureuses, et trouvant, en rentrant le soir, une ruche chaude, elles réparent plus aisément leurs forces.

En faisant les essaims très-forts on est donc bien plus assuré de leur réussite, et, quelquefois au bout d'un mois ou six semaines, on peut leur prendre plusieurs kilogrammes de miel, sans parler de l'espérance que l'on a d'avoir de beaux essaims précoces le printemps suivant (1).

Les ruches placées très-chaudement essaiment, toutes choses égales d'ailleurs, quinze jours ou trois semaines avant les autres (2). Dans les pays favorisés par le soleil, le nombre des essaims que peut produire une ruche n'a pour ainsi dire pas de limites. Della Rocca vante la prodigieuse fécondité des ruches en essaims dans l'Asie, la Grèce et tout l'Orient. En général dans tous les pays chauds et humides où les récoltes sont abondantes, tels que la Floride, la Guinée, les Antilles, les abeilles sont très-productives. Il n'est pas rare de voir des

(1) On compte dans une livre ou 500 grammes 5,000 abeilles ; un essaim de 1 kil. 1/2 est réputé faible ; celui de 2 kil., médiocre ; un de 3 kil., fort. Lorsqu'un essaim pèse au-delà de 2 kil. on peut sans crainte le laisser à lui-même. On peut, du reste, se rendre aisément compte du poids relatif de chaque essaim, si l'on n'en a pas l'habitude, en ayant des ruches tarées d'avance ; le surplus indiquera le poids effectif de l'essaim.

(2) Si l'on peut se procurer, pour loger son essaim, une ruche propre et saine, contenant un commencement de travaux, on ne se fait pas d'idée de l'activité des abeilles internées dans ces conditions. On fera bien, dans cette prévision, de tenir en réserve, d'une année à l'autre, des cases encore garnies de quelques rayons de cire et de miel que l'on mettra à l'abri de la moisissure, de la poussière, des teignes et des rats, en les enveloppant d'une toile claire et les suspendant dans un lieu bien sec.

ruches donner de 6 à 8 essaims par an ; à la Caroline, Bosc a vu une ruche donner onze essaims, lesquels en donnèrent onze autres dans la même année. Mais il est rare, dans nos pays du moins, que les ruches si productives en essaims, soient productives en miel ; je craindrais fort, s'il vous arrivait une richesse de ce genre, de voir votre bien s'envoler en fumée. Souhaitez plutôt moins d'apparence et plus de réalité ; doublez vos essaims, fortifiez vos ruches, excitez-les au départ en les tenant au soleil de bonne heure dans le temps favorable à l'essaimage ; mais, une fois ce moment passé, ayez soin de les remettre à l'abri des rayons du soleil si vous ne voulez voir tout l'édifice intérieur de vos abeilles se fondre et tomber comme l'avalanche, sous le coup d'une chaleur trop ardente. En cela, comme en toutes choses, sachez être modéré, si vous voulez que le succès couronne vos efforts.

CHAPITRE X

DES ESSAIMS ARTIFICIELS OU FORCÉS

> Toutes les sciences ont leur chimère,
> après laquelle elles courent sans la pou-
> voir attraper, mais elles attrapent en
> chemin d'autres connaissances fort utiles.
>
> FONTENELLE, t. I.

Nous venons de voir que les abeilles, abandonnées à leur instinct de migration, avaient une
grande propension à s'aventurer au loin. On a
beau les soigner avec la plus minutieuse attention
pendant la période des essaims, il aura suffi
souvent d'un instant de distraction pour qu'elles
saisissent au vol ce moment pour prendre leur
essor. On dirait vraiment qu'elles n'acceptent les
soins de l'homme que par contrainte et qu'elles

se plaisent à faire, quand elles le peuvent, acte d'indépendance (1).

C'est pour obvier à cet inconvénient et s'épargner une surveillance toujours ennuyeuse, que plus d'un agriculteur

Neu fluitet dubiæ spe pendulus horæ (2).

s'est efforcé de faire des essaims à sa convenance. Car, enfin, le moment propice aux essaims étant venu, est-il donc si difficile de mettre les abeilles dans des conditions identiquement semblables à celles requises pour l'essaimage ; et ne pourrait-on, en brusquant cette séparation, obtenir à son gré des essaims à la fois forts et précoces, et doubler, sinon tripler, ainsi sans risques et sans souci son cheptel d'apiculture ?...

Cela serait assurément fort bien raisonné si l'on pouvait toujours se rendre un compte exact de la position des abeilles, et mettre d'autre part dans la balance les conditions climatériques et météorologiques exigées pour la réussite des essaims dans les premiers temps de leur établissement ; mais je suis, pour ma part, porté à croire que les abeilles, qui d'ordinaire ont une telle propension à essaimer qu'elles se lancent, bon gré malgré, dans leurs migrations, en dépit de

(1) ..... *Ipsæ consident sedibus, ipsæ.*
Intimo more suo in cunabula condent.

V.

(2) HOR., *epist.*, I, 18.

tous les efforts que nous faisons pour les en empêcher, ont des raisons majeures qui les retiennent
au logis, lorsqu'elles se refusent à le faire dans le
moment consacré à cette crise périodique. Ces
raisons, nous ne pouvons espérer les connaître
que lorsqu'il nous aura été donné de découvrir
le rapport des phénomènes météorologiques avec
les actes spontanés de ces petits êtres, qui exécutent comme nous leur partie dans ce grand
concert qu'on nomme la création (1). Les forcer
à émigrer en dépit de toutes leurs prévisions
contraires, ou avant que tout soit disposé pour
le faire convenablement, c'est donc les contraindre
à exécuter cet acte si important pour elles avec
toutes les chances défavorables (2). Or c'est là précisément ce que l'expérience est venue confirmer.
Tous ceux qui se sont livrés à ce genre d'expérimentation avouent que, sur le nombre relativement considérable d'essaims artificiels opérés par
eux, un cinquième à peine a réussi, et que

(1) Les faits primitifs et élémentaires semblent avoir été
cachés par la nature avec autant de soin que les causes.
Fontenelle, t. vi, 345.

(2) Sous aucun rapport les essaims forcés ne sauraient
offrir des résultats aussi avantageux que les essaims naturels ; ceux-ci peuvent seuls remplir les conditions nécessaires, et, dans l'ardeur qu'ils déploient dès les premiers jours de leur établissement, offrir des chances
certaines de succès.   (de Frarière, ouvr. cité).

souvent même, lorsque la saison était loin d'être favorable, ils ont eu la douleur de perdre, non seulement l'essaim qu'ils avaient formé, mais encore la ruche elle-même qui avait servi à le produire. L'un d'entre eux, qui, à l'exemple de son maître le célèbre Lombard, a préconisé le plus les essaims artificiels, Lacène, dans un opuscule qu'il a publié sur ce sujet, ne peut s'empêcher d'exprimer la surprise et le désappointement qu'il éprouva en visitant le rucher de l'un des plus savants expérimentateurs de son temps.

« Je désirais vivement, dit-il, avoir une entrevue avec le célèbre François Huber, de Genève, je fus assez heureux pour l'obtenir. Ce vénérable vieillard, ce *patriarche des abeilles*, répondit avec bonté à mes questions. Je recueillais ses réponses comme des oracles ; mais quel ne fut pas mon étonnement à la vue de son rucher où tant de savantes expériences avaient été faites, de le trouver réduit à *trois ruches* !.. » (1)

M. Frémiet, apiculteur distingué et l'un des plus habiles promoteurs des essaims artificiels, déclare formellement que, « malgré tous les soins et toute l'attention possible, *si l'année n'est pas très-favorable*, on risque de perdre à la fois et la mère et l'essaim. »

M. Radouan, auteur d'un système de ruche remar-

---

(1) *Mémoire sur les essaims artificiels*. Lyon, Barret, 1822.

quable, applicable à ce procédé, avoue n'avoir pas été plus heureux dans ses expériences : une fois entre autres, ayant opéré avec un essaim qu'il n'estime pas à moins de 15 à 18 mille abeilles, il vit également périr et la ruche-mère et l'essaim.

Après un tel résultat et de tels aveux de la part de ceux qu'on peut à bon droit appeler les princes de la science, la question des essaims artificiels me paraît bien prête d'être jugée : *habemus confitentem reum*; aussi ne m'étendrais-je pas davantage sur ce sujet, si je ne croyais devoir ajouter, en forme de corollaire, qu'ayant opéré moi-même en différentes fois avec toutes les précautions recommandées et en un temps des plus favorables, après avoir pendant quelque temps conçu de mes essais les espérances les plus brillantes, je n'ai obtenu en définitive que des résultats fort peu encourageants (1).

> *Omnia sunt hominum tenui pendentia filo*
> *Et subito casu quæ valuere ruunt.*
>
> Ov.

Ayant voulu, entre autres, opérer sur une ruche, la meilleure de mon rucher, qui se refusait à l'essaimage et offrait une population tellement nom-

______

(1) Après que l'on a bien raisonné sur telle matière qu'on voudra, on trouve au bout du compte que les choses sont bien comme la nature les a faites, et que la réforme qu'on prétendrait y appliquer gâterait tout.

FONTENELLE, t. I, p. 43.

breuse, que toutes les nuits elle se répandait en dehors en d'énormes faux-essaims, j'ai eu la douleur de voir mon essaim, qui paraissait très-bien marcher, périr à la fin de l'automne ; et ma ruche-mère dépeuplée, languissante, envahie par les teignes et complètement perdue l'année d'après.

Il est vrai qu'à cette époque j'opérais par le procédé Lombard, sur une ruche d'un seul fût avec capuchon et avec laquelle il m'était bien difficile de me rendre compte *de visu* de l'état du couvain. Aurais-je été plus heureux avec mes nouvelles ruches à compartiments et à portes qui permet de juger pour ainsi dire au doigt et à l'œil ? C'est ce que je ne saurais dire, ne me trouvant pas assez riche pour risquer davantage. Mais si, d'aventure, quelque expérimentateur se trouvait en assez bonne veine pour payer sa gloire, je vais expliquer comment il lui serait facile avec cette ruche de tenter de nouvelles expériences. Toutefois je lui répéterai auparavant ce que disait M. Frémiet dont j'ai rapporté plus haut l'opinion : « Si la chose est on ne peut plus aisée à faire, les résultats en sont tout à fait incertains. »

Que penser après cela des assertions diamétralement contraires de MM. Féburier, Château, Roux, Debauvoys et *tutti quanti*, dont les noms nous arrivent couronnés en mainte exposition publique ?.. Si ce n'est, que l'expérience n'a pas encore dit son dernier mot sur cette question, et

que les médailles obtenues ne sont pas à nos yeux
des pièces de conviction, ces récompenses, quelque
flatteuses et bien méritées qu'elles soient, n'étant
pas toujours données par des juges compétents
eux-mêmes en semblable matière.

M. Debauvoys, l'un des plus zélés champions
des essaims artificiels, et qui, après maints tâtonnements, a fini par adopter tout à fait le système
d'Huber : ruches en feuillets, cadres du haut en
bas, etc., sera-t-il plus heureux que lui ? A l'entendre, les résultats qu'il a obetenus seraient merveilleux. Certes, je suis loin de suspecter sa bonne
foi ; mais en lui voyant tant rechercher les abeilles
de ses voisins pour repeupler ses ruches (1) et
varier autant la forme de celles-ci que ses procédés
d'anesthésie, je ne saurais m'empêcher de me tenir
sur la réserve. Tant que cette partie si importante
de la science apicole ne sera pas appuyée sur des
faits irréfragablement établis par un vigoureux
contrôle et corroborés par un succès évident et
irrécusable, mieux vaudra sans doute s'abstenir
et attendre, avant de prononcer un jugement en

(1) « Dans la saison où l'on a coutume de faire périr
les abeilles pour s'emparer de leur miel, je me transporte
chez mes voisins, j'opère la dépouille, je m'empare des
abeilles et je reviens chez moi, portant devant moi deux
essaims sur une perche et deux derrière. »

  Guide de l'apiculteur, page 244, édition de 1856.

dernier ressort. Un grand observateur, son maître et le mien, n'a-t-il pas dit lui-même :

Experientia fallax, judicium difficile.

HIPP.

Donc si, malgré le ton peu encourageant de ma prédication, vous tenez à grossir la phalange éprouvée des expérimentateurs, voici comment vous pourriez procéder :

Avant tout, vous vous êtes assuré que tout marche à souhait : les mâles ont paru, les abeilles tourbillonnent autour de la ruche et exécutent ce qu'on est convenu d'appeler *le soleil d'artifice*; elles se groupent le soir en faux-essaims; le temps est d'ailleurs magnifique, et tout vous promet une série de beaux jours.... Vous avez ouvert la ruche par le bas et vous avez vu, le long des rayons, des cellules de reines pendre en stalactites assez nombreuses. Voici le moment d'agir.

Vous avez dû placer, un jour ou deux auparavant, une hausse vide sous la ruche, afin d'habituer vos abeilles à passer par cet étage vide; la veille ou le matin du jour où vous avez décidé d'agir, vous avez enlevé les cadres mobiles suffisamment garnis de miel, que vous avez diposés d'avance dans un chapiteau vide; les crochets qui lient les deux étages du corps de ruche ont été détachés, et vous avez rompu les adhérences qui fixaient ces deux compartiments l'un à l'autre.

Le moment est arrivé : de dix heures à midi,

heure ordinaire de l'essaimage, vous entr'ouvrez la
porte de l'étage inférieur de la ruche (non celui que
vous avez posé et qui doit rester en place pour recevoir les abeilles revenant des champs). Après les
avoir mis en *bruissement* (1), vous faites, à l'aide de
l'enfumoir, passer toutes les abeilles dans l'étage
supérieur, ce qui est très-facile par ce procédé.
Cela fait, vous enlevez la case supérieure et le
chapiteau avec toutes les abeilles qui s'y sont
rassemblées; vous déposez cette tête de ruche sur
une case vide installée près de vous sur un socle
ou sur un simple tablier, et garnie d'une herse
que vous maintenez baissée pour s'opposer à la
sortie des abeilles ; puis vous couvrez la ruche
laissée en place avec le chapiteau neuf dans lequel vous avez disposé les cadres enlevés la
veille, et voilà votre essaim constitué. Cela est
d'autant plus aisé que d'ordinaire, les cellules de
reines se trouve appendues aux rayons de l'é-

____

(1) On désigne sous ce nom de bruissement une sorte
de trouble occasionné par la crainte que les abeilles
conçoivent pour la vie de la reine ou pour elles-mêmes,
et pendant lequel elles font entendre un bourdonnement
particulier bien connu des apiculteurs, qui cherchent à
l'obtenir en leur lançant de la fumée ou en exerçant un
tapotement répété sur les parois de la ruche. Dans cet
état elles se groupent dans l'intérieur et deviennent crain-
tives au point de laisser faire sur elles toutes entreprises,
sans chercher à s'en venger si on ne les touche immédiatement.

tage inférieur ; l'étage du haut, laissé libre par l'éclosion du premier couvain, étant à ce moment occupé par le miel nouvellement recueilli, la reine a déposé son second couvain dans les rayons du bas, dont les bords postérieurs, qui font par conséquent face à la porte, sont en général libres, n'étant pas fixés à celle-ci ; et l'on sait que c'est le plus ordinairement sur ces bords que les abeilles construisent les cellules de reines. Or, voici précisément l'avantage de mon procédé : comme les rayons se présentent précisément en tranches parallèles, toutes les ruelles qui les séparent s'ouvrant en face de la porte, on comprend quelle facilité il en résulte pour voir et toucher les cellules de reines et s'en emparer pour faire ces expériences décisives.

La ruche laissée en place, restant dépositaire des cellules des reines qui doivent servir à remplacer la mère reine, vous pouvez en toute sécurité emporter celle-ci avec tout le personnel contenu présentement dans la ruche : les abeilles rentrant des champs auront bientôt repeuplé la ruche laissée vide, pour le moment, avec tout son couvain et ses berceaux garnis de jeunes reines. Quant à la ruche que vous emportez, elle a ses provisions assurées, tant dans le corps de ruche, que dans les rayons latéraux du magasin, que vous avez laissés en place, et qui la mettent à l'abri du manque de récolte amené par des temps contraires. Tout est donc ici dans les meilleures

conditions possibles et selon les us et coutumes
des abeilles. Toutefois, pour ôter aux abeilles
expulsées la velléité de rentrer à leur ancien domicile, vous emportez la ruche au loin : et, afin
de les mieux dépister, vous les tenez enfermées
pendant deux ou trois jours pour leur donner
le temps de s'habituer à leur nouveau domicile,
ne leur ouvrant qu'un instant à l'approche de la
nuit, pour leur permettre de prendre de l'air et
un peu d'exercice sans qu'elles soient tentées de
prendre leur essor. Les quelques cellules garnies
de larves que contient cet étage, et la continua-
tion de la ponte de la reine, les occupant pendant
ce temps, elles se trouveront dans toutes les conditions d'un bon essaimage printanier ; comme lui,
sous la conduite de la vieille reine, il doit réussir,
ou jamais.

Quant à la ruche laissée en place, et qui va
devenir la ruche-mère, elle a ses provisions assurées dans les trois cadres du chapiteau que vous
lui avez adjoint. Les jeunes reines une fois écloses,
l'étage vide se trouvera bientôt rempli, et la ruche
sera reconstituée comme à la suite du premier
départ d'un essaim naturel.

On voit que rien n'est plus simple que ce procédé et qu'il est infiniment préférable à celui
conseillé par M. Debauvoys, moyen violent et difficile à mettre en œuvre par ceux qui ne sont pas
familiarisés avec cette méthode d'opérer, et qui,
de son aveu, ne laisse pas que « *d'impressionner*

désagréablement ceux qui font partie de la galerie. »

Que si les cellules de reines occupaient, ce qui est rare, l'étage supérieur, il va de soi que le procédé devrait être modifié, et que la ruche qui doit rester en place serait composée avec cet étage, et l'étage inférieur au contraire emporté au loin. Dans ce cas l'opération devrait se fractionner en deux temps, et, la veille de la transmutation, on devrait procéder à un changement d'étage, en transposant celui du haut à la base de la ruche. Voici comment je m'y prends :

Les crochets levés, les adhérences des cases rompues, ainsi que je l'ai dit plus haut, j'entr'ouvre la porte de la case inférieure et je me retire un instant pour laisser aux abeilles le temps de se remettre de l'inquiétude que leur a causée ce décollement. Je lance un peu de fumée en dessous et sur les côtés de la porte, puis je l'ouvre toute grande. Ainsi que je viens de l'expliquer, la porte est disposée de façon à ce que l'œil plonge facilement dans toutes les ruelles qui séparent les rayons. A l'aide de quelques bouffées de fumée, je poursuis les abeilles rue par rue et je les force à se réfugier dans l'étage supérieur. Cela fait, j'enlève la case inférieure vide de ses abeilles et je fais reposer sur le tablier la case supérieure, qui devient ainsi la case inférieure.

Cette première partie de l'opération terminée,

je détache doucement, avec un ciseau à lame évidée, le chapiteau de l'étage auquel il est collé, et je maintiens un écartement de quelques centimètres à l'aide de deux petits coins en bois. Les abeilles calmées, puis mises en fuite à l'aide de la pipe ou de l'enfumoir, j'enlève le chapiteau, que je pose sur la case qui a été déplacée premièrement ; puis je place le tout sur la case restée sur le tablier.

Voici donc la ruche disposée comme nous l'avons supposé dans le paragraphe précédent : les cellules royales sont dans la case inférieure ; il ne s'agit plus que d'en faire fuir les abeilles dans les deux étages du haut, d'emporter ceux-ci, et de recomposer la ruche comme il a été dit. Tout cela peut se faire très-facilement, en opérant par derrière, sans masque, sans gants, et, ce qui n'est pas le moindre des avantages, sans courir le risque d'être piqué.

CHAPITRE XI

SYSTÈMES ET PROCÉDÉS

> L'effet des méthodes générales, quand
> on a su une fois les découvrir, c'est de
> conduire à d'autres découvertes avec une
> extrême facilité.
>
> FONTENELLE, t. v.

JE comprendrai dans ce Chapitre diverses pratiques qui n'ont pu trouver place sous les titres
précédents : non que j'aie la prétention d'épuiser
tout ce qui a été dit ou écrit sur les abeilles, les
bornes de cet ouvrage ne pourraient y suffire. Laissant volontiers à d'autres la gloire stérile d'entasser chapitre sur chapitre et de grossir leurs
ouvrages des nombreuses coupures faites à coups
de ciseaux dans les œuvres de leurs devanciers,
je me limiterai dans mon insuffisance à ce qui m'a
paru le plus intéressant au point de vue pratique.

§ 1. — RENOUVELER LA REINE.

Lorsqu'une ruche en laquelle on a constaté toutes les conditions de vitalité, se montre rebelle à l'essaimage, ce défaut peut provenir de ce que, le temps ayant été peu propice au départ des essaims pendant plusieurs saisons, la reine, qui a détruit chaque année les jeunes reines devenues inutiles, aura perdu en vieillissant ses facultés procréatrices ; ou bien, sa ponte ayant été retardée, elle ne produira que des œufs de mâles (1) ; ou bien encore cette même reine aura péri en dehors du temps où il est loisible aux abeilles de travailler à son remplacement ; ce dont on s'aperçoit à l'état de langueur de la ruche qui consomme simplement, sans montrer aucune ardeur pour le travail. Cette fâcheuse anomalie peut entraîner la perte de la ruche, soit en multipliant outre mesure le nombre des bouches inutiles, soit en mettant cette ruche hors d'état de réparer ses pertes journa-

(1) « Lorsqu'une reine reçoit les approches du mâle dans les quinze premiers jours de sa vie, elle devient en état de pondre des œufs d'ouvrières et des œufs de faux-bourdons ; mais si la fécondation est retardée jusqu'au vingt-deuxième jour, ses ovaires sont viciés, de manière qu'elle deviendra inhabile à pondre des œufs d'ouvrières, et ne pondra plus que des œufs de mâles. »

HUBER, lettre III.

lières. Si l'apiculteur laisse passer inaperçue cette production exubérante de parasites, et, s'il ne s'empresse de parer à la stérilité de la reine, les abeilles découragées vont cesser leurs travaux ; ou, abandonnant cette reine malencontreuse, elles se disperseront et chercheront à se joindre à quelque peuplade mieux pourvue ; de là la guerre et parfois le dépeuplement des deux ruches. Le remède, s'il en est temps encore, consisterait à leur fournir une autre reine, ou un morceau de gâteau pourvu de cellules de reines, ou enfin du couvain nouveau qu'elles puissent transformer en larves de reines.

Rien de plus aisé à pratiquer quand on se trouve encore dans le temps de l'essaimage. L'on entr'ouvre avec les précautions indiquées l'un des deux étages où se fait la ponte ; on s'empare d'une ou de deux cellules de reine qui pendent d'ordinaire en stalactites sur le bord libre des rayons ; puis, après avoir avec les mêmes cérémonies entr'ouvert la porte de la case moyenne de la ruche en souffrance, on pratique dans l'un des rayons une brèche dans laquelle on fixe, à l'aide d'une longue épingle en bois, la cellule royale que l'on a eu soin de laisser pourvue d'une portion notable du rayon sur lequel elle était implantée. Les abeilles s'empresseront autour de ce bien-heureux gland, dans lequel est enfermé le futur rejeton qui doit faire souche d'une nouvelle dynastie ; et bientôt, heureuses d'avoir retrouvé celle qui est le pivot autour duquel roulent tous leurs travaux, on voit le mouvement et la vie reparaître dans la ruche jusque-là morne et silencieuse. A défaut de cellule de reine, le même résultat pourrait être obtenu en intercallant, dans un de leurs rayons, un morceau de gâteau contenant du couvain qui n'ait pas plus de 3 à 4 jours. Les abeilles auront bien vite fait de construire une case royale dans le morceau de gâteau surajouté, et, avec leur adresse ordinaire, transformeront en larve royale une ou plusieurs des larves plébéiennes que vous leur aurez fournies. « Ainsi l'expérience concourt avec la théorie à démontrer que la destinée d'une larve d'abeille peut, selon les circonstances, en faire une reine ou une ouvrière ; parce que dans ces deux modifications c'est toujours une femelle possédant, ou les qualités physiques de la maternité, qui sont dans la fécondité des reines, ou les facultés conservatrices telles que l'amour des petits, la sollicitude et les soins que les ouvrières leur prodiguent. »

(HUBER, obs. ch. XII).

§ 2. — CHANGER L'ESPÈCE.

Vous agiriez de la même manière si vous aviez quelque raison de changer l'espèce de vos abeilles pour les remplacer par l'espèce dite petite Hollandaise ou l'abeille Italienne, dont les anneaux de l'abdomen sont bordés d'un cercle d'or, et qui

paraît plus vive et surtout plus précoce à essaimer ; qualité précieuse quand on sait la modérer à
propos. Lorsqu'on est parvenu à se procurer une sta-
lactite de reine de cette espèce, on l'introduit dans la
ruche après s'être emparé de la vieille reine ; ou
bien on abandonnerait celle-ci à son instinct migrateur, après avoir détruit toutes les cellules contenant des jeunes reines de sa race.

§ 3. — MARIER LES ESSAIMS.

Quand on veut marier ensemble plusieurs
essaims trop petits pour réussir isolément, ou faire
passer les abeilles d'une ruche faible sur une ruche
plus prospère pendant la saison hivernale, le mode
de procéder n'est pas plus difficile. Après avoir
successivement refoulé les abeilles du chapiteau
et de la case inferieure dans celle du milieu, vous
enlevez les deux compartiments vides d'abeilles ;
puis, après avoir mis en bruissement les abeilles
de la bonne ruche, vous enlevez l'étage inférieur
de celle-ci et vous le remplacez par l'étage de la
ruche malade, dans lequel sont groupées les
abeilles ; puis, entr'ouvrant la porte, vous faites
monter celles-ci dans la ruche nouvelle. Vous avez
soin de les accompagner dans le temps de leur
ascension de quelques aspersions d'eau miellée,
dont vous gratifiez en même temps les abeilles de
la mère ruche. Il en résulte des deux parts un
peu de confusion ; chacune, en train de se sécher,

oublie de demander leur passeport aux nouvelles venues; bientôt on fraternise, et les arrivantes ont gagné leur droit de bourgeoisie.

§ 1. — RENOUVELER LA RUCHE.

Quoiqu'en thèse générale une ruche puisse durer indéfiniment, il résulte pourtant d'un long usage des cellules devant contenir successivement chaque année, tantôt du miel ou du pollen, et tantôt du couvain, que cette destination finit à la longue par user la cire des parois, au point de la réduire peu à peu à une simple membrane papyracée; d'autre part, les coques soyeuses filées par les larves amènent, au bout d'un certain temps, un tel rétrécissement des alvéoles, que l'espèce doit en souffrir, et finirait par se rapetisser, si, pour me servir d'un paradoxe mis en avant par je ne sais plus quel auteur, la Providence n'y avait pourvu en créant la fausse-teigne. Suivant lui, cet affreux parasite serait le palladium de l'espèce, laquelle se serait à la longue abâtardie, étiolée et détruite, si l'ordonnateur de toutes choses n'eût créé cet insecte destructeur de la vieille cire, pour forcer les abeilles de recommencer à nouveau leur industrie. Et, de fait, l'expérience a démontré que l'époque de force et de plus grande prospérité pour une ruche est celle qui suit l'établissement d'un essaim; qu'elle se prolonge jusqu'à la fin de la seconde année, et dépasse rarement la troisième, en admettant toutefois les exceptions provenant des soins bien entendus que l'on prodigue aux abeilles.

Il résulte de cette observation, quelque paradoxale qu'elle paraisse, qu'il y aurait avantage à renouveler les édifices tous les trois ou quatre ans, et que l'on trouverait en même temps dans ce renouvellement périodique un motif de redoublement d'activité de la part des abeilles, tout en augmentant son revenu de la cire dont on pourrait ainsi faire une plus ample provision. Proscopovitsch, l'agriculteur millionnaire illustré par Sablonkoff, qui prétend avoir compté dans son vaste jardin jusqu'à 2,800 ruches, propose pour obtenir ce résultat un moyen primitif renouvelé de l'œuf de Christophe-Colomb, c'est-à-dire, de retourner tout simplement la ruche, de manière que la partie supérieure devienne l'inférieure. Huber prétend que les abeilles n'en sont nullement incommodées. Pour moi, qui professe pour les vues de la Providence la plus grande déférence, j'ai peine à le croire ; et quand je considère le soin que prennent les abeilles de donner à leurs cellules une inclinaison constante de bas en haut, tant pour retenir le miel qu'elles emmagasinent, que la miellée qu'elles donnent à leurs larves, je n'hésite pas à croire que ce renversement de leurs habitudes ne laisse pas que de les contrarier. Et, bien qu'elles sachent y remédier au besoin, cela ne me semble pas une raison pour leur imposer ce travail complémentaire et en pure perte. Combien n'est-il pas plus simple, avec mon système de corps de ruche divisé par une cloison mitoyenne, d'opérer ce changement d'étage presque sans qu'elles s'en aperçoivent; puis, lorsqu'on leur a donné le temps d'élever le couvain et de rentrer les provisions demeurées dans la case supérieure devenue l'inférieure, de dépouiller la cire de celle-ci, tout en donnant aux abeilles du large pour faciliter leurs constructions nouvelles? En procédant de cette manière, point de secousse, point de contrariété et point de cause de dérangement pour nos ouvrières; tout marche comme de soi-même et sans qu'il s'y connaisse.

§ 5. — MARIER PLUSIEURS RUCHES ENSEMBLE POUR AUGMENTER SES PRODUITS TOUT EN RESTREIGNANT SON RUCHER. — (*Méthode Gélieu*).

Exiguum colito.

V.

S'il est vrai que les abeilles réunies en grand nombre dans une ruche consomment, toute proportion gardée, beaucoup moins que celles qui sont disséminées en moindre quantité dans des ruches proportionnellement moins peuplées, on conçoit qu'il y ait profit pour l'apiculteur à restreindre son rucher à un petit nombre de ruches bien pleines et tenues dans un bon état de prospérité. Diminution de surveillance d'une part, moins d'embarras de toute manière, et augmentation de produits, voilà plus qu'il n'en faut, ce me semble, pour tenter des exploitants plus avides de jouir en bloc que de multiplier leurs jouissances. Pour les pays à récoltes précaires, comme l'est celui où j'écris, désolé qu'il est par des vents presque continus et des sécheresses opiniâtres, on n'est pas tellement embarrassé de ses richesses en fait de ruches que l'on en soit à se concerter pour en restreindre le nombre. Mais dans les pays boisés et entrecoupés de petits cours d'eau et de collines, où les essaims abondent, leur nombre peut devenir un embarras, et donner en quelque sorte raison à ceux qui les détruisent avant l'hiver pour augmenter leur provision ; ces maîtres avides pourraient dans ce cas concilier leur procédé avec l'humanité, étendue jusqu'aux plus humbles de leurs serviteurs, en mettant en pratique la méthode que je vais exposer.

Si vous avez des ruches placées côte à côte de la manière que je l'ai décrit, il vous suffira, à l'époque où se pratique d'ordinaire cette cueillette, de décoiffer avec les précautions en usage la ruche que vous voulez sacrifier, et de placer cette ruche sous la ruche la plus voisine. Cela fait, vous entr'ouvrez la porte, vous faites monter les abeilles dans la ruche supérieure, et vous enlevez la ruche vide de ses habitants. Les abeilles envahies et les nouvelles arrivantes feront bon ménage ensemble, si vous avez usé de moyens convenables, et vous

pouvez sans crainte procéder au dépouillement de
la ruche abandonnée. Ainsi, vous vous êtes mis en
possession d'une ample provision de cire et de
miel sans perdre une abeille, et, le printemps
venu, cette ruche, dont vous venez de doubler la
population, va butiner et essaimer à qui mieux
mieux. L'un de ces essaims viendra prendre la
place restée vacante sur le tablier ; il deviendra à
son tour ruche-mère, et pourra servir en automne
à recevoir les abeilles d'une autre ruche du voisinage. On conçoit que l'on puisse ainsi à la **rigueur**
renouveler successivemeut son **rucher**, et, si rien
ne vient y mettre obstacle, augmenter indéfiniment sa récolte.

§ 6. — ENLÈVEMENT DES CELLULES DE MALES.

Au nombre des avantages offerts par la méthode
que je viens de décrire et qui constitue en quelque
sorte une vraie rotation continue, il faut compter
la facilité qu'elle offre de détruire les cellules des
mâles, et de forcer ainsi la mère-abeille à ne déposer ses œufs que dans des cellules d'ouvrières.
Or, suivant certains apiculteurs, la forme de la
cellule déterminant la ponte de la reine, on pourrait arriver à supprimer ainsi entièrement la production des mâles, ce à quoi ils paraissent attribuer une grande importance, assurant qu'il en
restera toujours assez, et que le petit nombre
échappé par hasard à cette proscription en masse

suffirait au-delà pour féconder toutes les femelles du rucher et des environs. Pour moi, qui ai eu plus d'une fois l'occasion de faire, à propos des abeilles, ma profession de foi en la Providence qui, ce me semble, n'a rien créé en vain, j'ai la conviction bien arrêtée de l'utilité de cette espèce de mouches dans une ruche, et je me confirme dans mon sens par cette observation que j'ai été à même de faire, que dans les ruches qui ont beaucoup de mâles, loin que la provision en diminue d'autant, ainsi que le professent ceux qui prèchent si chaudement leur destruction, on trouve, au contraire, au printemps suivant la plus forte proportion de miel : preuve évidente que ceux que l'on se plaît à nommer des parasites ne lui ont pas été aussi nuisibles qu'on le prétend, et qu'ils sont plutôt l'indice d'une forte vitalité. *Fortes creantur fortibus* (1).

(1) « Les naturalistes avaient toujours été fort embarrassés à expliquer le nombre de faux-bourdons qui se trouvent dans la plupart des ruches.... ; mais aujourd'hui on peut commencer à entrevoir l'intention de la nature en les multipliant à tel point; puisque la fécondation ne peut s'opérer dans l'intérieur des ruches, et que la reine est obligée de voler dans le vague des airs pour trouver un mâle qui puisse la féconder, il fallait que ces mâles fussent en assez grand nombre pour que la reine eût la chance d'en rencontrer un ; s'il n'y eût eu dans chaque ruche qu'un ou deux faux-bourdons, la probabilité qu'ils en sortiraient au même instant que la reine et qu'ils

Après tout, retrancher les cellules de mâles
n'est au fond que reculer la difficulté. Il a été reconnu par les expérimentateurs (Huber, Schirach,
Attorf), que la ponte des œufs de mâles arrive invariablement après que la reine a terminé sa grande
ponte d'ouvrières ; elle en est comme le corollaire,
et celle des œufs de reine en serait en quelque façon le couronnement. Or, il arrivera, ou que les
abeilles, qui connaissent parfaitement cette circonstance, s'empresseront de rétablir les cellules
détruites ; ou que la reine, pressée de se débarrasser de ses œufs, et ne trouvant point de cellules à
sa convenance, les déposera dans des cellules
d'ouvrières. Dans les deux cas ce sera du travail
employé en pure perte, et le but que l'on se propo-
sait d'atteindre sera manqué.

Si pourtant les bourdons vous paraissaient par
trop abondants, par suite de la ponte viciée de la

se rencontreraient dans leurs excursions, eût été bien petite, et la plupart des femelles seraient restées stériles (ou,
fécondées tardivement, n'eussent produit que des œufs de
mâles). Mais pourquoi la nature n'a-t-elle pas permis que
la fécondation s'opérât dans l'intérieur des ruches ? C'est
un secret qu'elle ne nous a point dévoilé..... Nous rappel-
lerons seulement que les abeilles ne forment pas la seule
république d'insectes qui présente cette singularité ; les
femelles des fourmis sont également obligées de sortir de
leur fourmilière pour être fécondées par les mâles de
l'espèce. »

Huber, Nouv. observ., lettre 1re.

reine, vous pourriez parvenir à les détruire en grande partie, sinon en totalité, par un moyen bien simple : vers l'heure à laquelle ces parasites prennent leurs ébats, tirez votre ruche en arrière, de manière à en rétrécir l'entrée, en l'avançant sur la pente qui forme cette entrée taillée en biseau dans l'épaisseur du tablier. Exécutez ce mouvement par gradation jusqu'à ce que vous soyez arrivé à ne laisser que la hauteur précise pour que les ouvrières puissent s'y glisser à peine : les bourdons, dont le corps est beaucoup plus gros, seront contraints de rester dehors, en dépit de tous leurs efforts pour rentrer ; puis, surpris et engourdis par le froid de la nuit, vous les verrez le lendemain gisants morts ou à demi asphyxiés tout autour de la ruche. En répétant cette manœuvre deux ou trois jours de suite par un beau temps qui les attire au dehors, vous en aurez bientôt purgé votre ruche.

Il paraît, du reste, que l'on se tromperait en attribuant uniquement à leur déférence pour la reine, l'empressement que les ouvrières témoignent à messieurs du corps des bourdons pendant la saison des amours. Des observateurs perspicaces, M. de Frarière, entre autres, ont découvert que les abeilles ne sont point tout à fait aussi insensibles qu'on le pense communément, à ce puissant mobile, institué par la nature comme un stimulant de la vie de l'individu, autant peut-être que pour la perpétuité de l'espèce, et qu'au moment dont nous parlons, elles se livrent dans le vague des airs à des amours dont les résultats, il est vrai, sont ordinairement nuls (1).

Inter quas curam inanem et dulcia furta.

Cependant, il arrive parfois que quelques-unes d'entre elles deviennent fécondes ; mais la reine, qui ne tarde pas à s'en apercevoir, entre en fureur contre ces rivales imprudentes et les sacrifie sans pitié à sa jalousie.

Que l'on admette ou non l'exactitude de ces faits, on ne saurait refuser de me concéder que ce n'est pas sans dessein que la Providence a créé une aussi grande quantité de mâles, et qu'elle n'en eût pas certainement autant multiplié le nombre si, comme le soutiennent certains observateurs, une seule imprégnation était nécessaire pour féconder la reine pendant le restant de ses jours. On trouvera à cet égard dans l'ouvrage de Bazin (Vme Entretien avec *sa Marquise*), certains détails de mœurs que je n'ose répéter ici, mais qui ne laissent rien à désirer. Du reste, n'y eût-il là qu'une pure question de sentiment, pourquoi refuser à ces pauvres ilotes quelqu'une de ces fugi-

----

(1) « Les fourmis nous offrent encore à cet égard une analogie très-frappante ; à la vérité, nous n'avons jamais vu pondre les ouvrières, mais nous avons été témoins de leur accouplement. »

HUBER, *Observ. sur les abeilles*, ch. XI.

tives illusions destinées à répandre un peu de charme sur leurs rudes et incessants travaux (1) ?

> Amour, tout sent tes feux, tout se livre à ta rage,
> Tout, et l'homme qui pense et la brute sauvage,
> Et le peuple des eaux et le peuple des airs !

Comme à nos jeunes ladies américaines, ces filles d'Ève si positives jusque dans le sentiment, laissons ces courts moments d'une *flirtation* (2) discrète, en leur enlevant l'âpre tourment des vagues désirs, leur rendre plus doux et plus faciles les austères devoirs de la vie de famille.

(1) . . . . *hominum Divûmque voluptas*
Alma Venus ! per te quoniam genus omne animantum
Concipitur, nec sine te quidquam dias in luminis oras
Exoritur, neque fit lætum, neque amabile quidquam.
Lucret., De Nat. rer., l. 1.

(2) Voir, pour l'explication de ce mot, l'intéressant ouvrage de Mme Manoel de Grandfort, intitulé : *l'Autre Monde* (Paris, Librairie nouvelle, 1857), où se trouve relaté en grand détail ce trait de mœurs, singulier pour nous, des filles de l'Union.

CHAPITRE XII

INSTRUMENTS ET APPAREILS

> .... Hâte-toi de connaître
> Ce qui doit composer ton appareil champêtre.
>
> D
>
> *Omnia quæ ante memor provisa repones.*
>
> V.

UN apiculteur prévoyant doit toujours avoir à sa
disposition une petite trousse composée des
instruments dont il peut avoir besoin dans les diverses opérations qu'il aura à pratiquer sur ses
abeilles et sur celles des personnes qui seraient
dans le cas de faire appel à son expérience. Je me
bornerai à mentionner ici ceux qui sont les plus
utiles. Ayant à cœur de simplifier le plus possible
les procédés, je ne fais usage que de ceux qui sont
entre les mains de tout le monde. Il me suffira de
les mentionner sans perdre mon temps à les décrire.

C'est d'abord un ciseau, vulgairement dit pince,

pour décoller les ruches et les soulever ; de petits coins de bois pour intercaler entre les divers étages ; le couteau à tailler recourbé à une de ses extrémités pour détacher profondément les rayons, et offrant à son autre extrémité un bord plat et tranchant pour les détacher des parois latérales.

Un râcloir, pour nettoyer le tablier et les parois des ruches après la dépouille.

Un petit scalpel pointu et tranchant sur les deux côtés, pour nettoyer les gâteaux infestés de teignes ou de couvain gâté.

Si vous joignez à cela quelques vrilles de diverses grosseurs, des pitons, quelques clous-vis, pointes, etc., voilà à peu près, avec le mastic pour luter vos ruches, tous les instruments dont vous pouvez avoir besoin dans le cours de vos diverses opérations.

Quant au mastic, je le prépare tout simplement en broyant jusqu'à consistance po·sseuse de l'huile de lin bien cuite avec du plâtre tamisé ou du blanc de Troyes ; j'étends ce mastic avec une petite truelle flexible ; j'en garnis tous les joints et toutes les fissures en dedans et en dehors, aussi bien que les jointures des ruches au tablier ; il résiste très-bien à la pluie ; il se durcit très-vite, et s'arrache au besoin sans trop de peine. J'ai soin d'en conserver toujours de prêt à l'avance et de lui conserver sa mollesse en le tenant plongé dans un vase plein d'eau.

J'ajouterai à cette nomenclature, puisqu'il faut

tout dire, une table pour entreposer les étages à votre portée ; un petit tabouret pour opérer par derrière à votre aise sans décoller les ruches, une petite pompe à main pour calmer les abeilles lorsque vous voulez les doubler, et enfin la boîte et le sac à essaims.

La boîte à essaims n'est autre chose qu'une simple case, ou une petite boîte faite en bois léger et fermant par une planchette glissant dans une rainure, pour y renfermer les abeilles et les transporter au besoin, lorsqu'on les y a fait pénétrer, en cueillant des essaims vagabonds ou placés hors de portée. Le sac n'est qu'une sorte de boîte en forte toile que l'on maintient gonflée par quelques cercles en bois ou en fil de fer.

Mais de tous les instruments, le plus indispensable est l'enfumoir. Sans son secours l'apiculteur est comme un soldat désarmé en face de l'ennemi ; ses mouvements sont paralysés, et il est obligé souvent de renoncer à son entreprise.

Avec mes ruches je n'ai pas besoin d'un grand attirail, une simple pipe à long manche ou au besoin un petit cylindre de ferblanc dans lequel je brûle quelque chiffon, suffisent pour mettre les abeilles en fuite.

Mais si l'on veut opérer sur des ruches dépourvues d'ouvertures latérales, ce moyen ne suffit plus, les abeilles se précipitent en foule quand vous renversez la ruche, et il faut, pour les mettre en fuite, une fumée abondante et épaisse. Nos cultivateurs se servent tout simplement de la vulgaire bassinoire, qu'ils placent sous la ruche, après avoir répandu sur la braise enflammée qu'elle contient quelques poignées de graines de foin. Vous la remplaceriez avec avantage par un autre réchaud portatif muni d'une poignée en bois, garni d'un couvercle et pourvu d'un tuyau recourbé par lequel s'échappera la fumée que vous dirigerez à volonté sur les points que vous voudrez atteindre.

Quant au cylindre ou enfumoir, celui auquel je me suis arrêté après bien des essais, est une sorte de boîte de ferblanc de 10 centimètres de longueur sur 5 de diamètre, composée de deux pièces rentrant l'une dans l'autre, et que l'on ouvre et ferme à volonté pour y placer le linge fumant. La boîte inférieure est percée vers son fonds de quelques trous, pour donner accès à l'air nécessaire à la combustion, et chacune des boîtes est terminée par un tuyau de 20 à 25 centimètres de longueur, servant l'un à diriger la fumée dans la ruche et jusque dans l'interstice des rayons, l'autre à activer la combustion en faisant courant d'air, et à lancer la fumée avec force lorsque l'opérateur, l'introduisant dans sa bouche, y souffle l'air à pleins poumons.

Mais, je le répète, tout ceci doit être réservé pour les grandes occasions; pour toutes les opérations usuelles, en se plaçant derrière la ruche, et en procédant doucement, quelques bouffées de tabac d'une pipe ou d'un cigare, suffisent pour agir en toute sécurité. Les abeilles, du reste, se familiarisent vite avec l'apiculteur qui les soigne avec intelligence. Si vous agissez avec précaution, que vous ne vous pressiez pas trop, vous pouvez passer et repasser devant leur ruche sans en être inquiété le moins du monde. Lorsque vous êtes au milieu d'elles, restez immobile et fixe comme un Terme ; elles ne devineront pas en vous un ennemi, mais si vous vous agitez, si vous fuyez éperdu, elles se lanceront à votre poursuite et ne vous quitteront plus qu'elles n'aient assouvi leur colère. Si elles se posent sur vos mains, sur votre figure, laissez-les s'y reposer tranquillement, jusqu'à ce qu'elles reprennent leur vol, ou avertissez-les doucement, en avançant un doigt, sans brusquerie, si elles tardent trop à le faire. Mais si à vos mouvements désordonnés, elles vous reconnaissent pour un être animé, la crainte de devenir votre victime les portera à vous prévenir en brusquant elles-mêmes l'attaque.

Il n'en est pas tout à fait de même dans les transformations ou les mutations de ruches, quand il faut tailler, scier, retrancher, ou quand on veut recueillir des essaims mal disposés : alors on a besoin de s'entourer de plus de précautions, et, pour peu que l'on redoute les piqûres, il est prudent d'avoir la figure protégée par un masque et les mains par des gants.

On a fabriqué des appareils défensifs de bien

des façons, camails, blouses, enveloppes de gaze, etc., tout cela est embarrassant et gêne considérablement dans la manœuvre. J'ai bien simplifié ces appareils pour mon usage ; il me suffit pour masque d'une de ces cloches en treillis dont on se sert à l'office pour mettre les mets à l'abri des mouches. J'en garnis le pourtour d'un foulard plié en cravate, dont les deux petits bouts retombent sur les épaules, les deux bouts les plus longs garnis à leur extrémité d'un ruban de fil venant se croiser au-dessous du menton pour aller s'attacher derrière la nuque, de manière à croiser les premiers et défier toute tentative des abeilles de ce côté ; mes mains emprisonnées dans des gants en forte étoffe de laine velue dite *moleton*, assez amples pour embrasser la manche de l'habit à laquelle ils adhèrent par la pression d'une bande circulaire de caoutchouc, dont l'élasticité permet de les mettre et de les quitter avec la plus grande facilité. Les pantalons attachés avec de bons liens sur des bottes ou des guêtres bien jointes, afin d'éviter que les abeilles tombées de la ruche ou de l'essaim ne s'introduisent par escalade dans des lieux d'où il vous serait difficile de les chasser sans en conserver un cuisant souvenir. Vous voilà comme un preux armé de toutes pièces, prêt à braver toute attaque.

Que si, malgré toutes ces précautions, quelqu'une de vos ennemies, plus opiniâtre ou plus adroite que les autres, a mis à profit quelque

interstice oublié pour s'introduire subrepticement
dans la place, et parvient à plonger au défaut de la
cuirasse sa fine lame de Tolède, ne vous hâtez pas
trop d'écraser avec colère ce petit guerrier lillipu-
tien ; laissez-lui le temps de retirer son dard bar-
belé qui, par trop de précipitation de votre part,
resterait engagé et s'insinuerait plus profondément, en versant dans la plaie jusqu'à la dernière
goutte du poison subtil qu'il aura entraîné après
lui (1). S'il est resté dans la plaie, arrachez-le avec
l'ongle ou mieux avec la lame d'un petit couteau
effilé ; surtout n'allez pas chercher à calmer le
prurit brûlant qu'il occasionne, à l'aide de l'alcali.
du vinaigre ou autre prétendu spécifique de ce
genre, vous ne feriez qu'attiser le feu au lieu de
l'éteindre. L'expérience m'a prouvé que ce qu'il y
avait de mieux à faire en ce cas était de frotter
pendant quelques moments le pourtour de la place
piquée, avec les feuilles de la sauge ou de toute
autre plante aromatique, persil, cerfeuil, citronelle, que l'on écrase sur place ou que l'on mâche
pour les réduire en bouillie si elle est trop peu
abondante en suc. La sauge employée ainsi m'a
toujours réussi à calmer presque instantanément la
douleur et prévenir l'engorgement œdémateux qui

---

(1) *Illis ira modum supra est, laesaeque venenum*
   Morsibus inspirant, et spicula caeca relinquunt
   Adfixae venis, animasque in vulnere ponunt.

                    V., *G.*, iv.

en est presque toujours le résultat. Je ne saurais trop engager l'apiculteur à en avoir constamment une plante à proximité de son rucher.

CHAPITRE XIII

LES PRODUITS

Hactenùs aerii mellis cœlestia dona
Exsequar, et spumantia cogere pressis
Mella favis.........

V., G., IV.

Deux fois d'un miel doré leurs rayons sont remplis,
Deux fois ces dons heureux tous les ans sont cueillis.

DELILLE, *ibid.*

Les anciens, auxquels était resté inconnu ce roseau indien dont le suc cristallisé remplace aujourd'hui, presque partout, celui qui est amassé
par les abeilles sur les fleurs répandues à profusion dans nos campagnes, appelaient le miel un
nectar divin, et en faisaient un des principes cons -
tituants de l'ambroisie, liqueur merveilleuse qui
avait la propriété d'infuser l'immortalité aux héros
transformés par elle en demi-dieux, et qui faisait le
plus doux passe-temps des habitants de l'Olympe.
Sur la terre, le miel passait pour être l'aliment de

prédilection des forts, et pour procurer une étonnante longévité à ceux qui en faisaient la base de
leur alimentation.

Samson (1) apaisant sa faim d'un rayon de miel
cueilli dans la bouche d'un lion, symbolisait l'union
de la douceur à la force, à laquelle rien ne saurait
résister. Mais hélas ! triste vicissitude des choses
de *la vie !* ce miel qui, avec le lait de la vache favorite de Brahma, et quelques fruits agrestes de nos
bois,

> *Simili a quelle ghiande*
> *Le qua fuggendo tutto'l monda onora* (2).

composait toute la nourriture de nos sauvages ancêtres, à cette heure de simplicité rustique qu'on
est convenu d'appeler, je ne sais trop pourquoi,
l'âge d'or, puisqu'il n'a duré que juste le temps que
l'or est resté inconnu aux mortels ; le miel, qui a
joué plus tard un si grand rôle dans la confection
des arcanes des successeurs d'Hippocrate et de
Galien, ainsi que dans la cuisine raffinée des fils
dégénérés des Caton et des Fabricius ; le miel,
aujourd'hui relégué loin de nos tables, pour faire
place à des mets rares et coûteux, rejeté même de
l'officine du pharmacien et de la boutique du confi-
seur, sert à peine à fabriquer quelques confitures

(1) *Judic.*, xiv.
(2) Petrarca, *Canz.*, i.

de bas étage ou quelques magots de pain d'épice pour les enfants !

Et pourtant, lorsqu'il est convenablement recueilli et bien préparé, le miel est une nourriture aussi saine qu'agréable. Sans parler de l'usage qu'on en peut faire dans les infusions, gargarismes et autres boissons médicinales, une bonne ménagère trouve dans la grande variété de son emploi une foule de préparations propres à flatter le goût et à orner en même temps la table. Est-il rien de plus appétissant qu'un rayon de miel nouvellement cueilli, brillant comme de l'or liquide au milieu de toutes ces petites coupes si étonnamment régulières?

Dans les pays où la rigueur du climat ne permet point la culture de la vigne, il semble vraiment donné par la Providence comme une compensation aux habitants, qui savent composer des boissons et des liqueurs capables de soutenir la comparaison avec nos vins les plus exquis et les liqueurs les plus vantées.

Ajoutez à cela que cette précieuse substance ne nous coûte à peu près rien et que nous n'avons, pour ainsi dire, qu'à nous baisser pour la cueillir. Que de richesses ainsi dédaignées et perdues par toute l'etendue de nos campagnes ! Et pourquoi, dans notre inexplicable insouciance, négliger le concours que Dieu nous offre dans tous ces petits serviteurs ailés qui vont butinant pour nous, de fleur en fleur, jusqu'à la moindre goutte de cette manne céleste ? Ne nous montrons donc pas indifférents ou ingrats si nous ne voulons être traités comme le serviteur inutile de la parabole, et apprenons à faire valoir convenablement ce denier confié à nos soins.

Les abeilles sont une source inépuisable de richesse pour les contrées à pentes abruptes où ne peut être introduite la culture des céréales. Et, de même que dans les montagnes bouleversées de la Grèce où les moindres crevasses des rochers sont plantées d'oliviers et de mûriers entremêlés de nombreuses ruches d'abeilles, ainsi l'on voit au milieu des buissons de genêts épineux et des touffes de lavande et de thym qui couvrent les montagnes rocailleuses du midi de notre France, se dresser des dômes innombrables de chaume à l'abri desquels prospèrent presque sans soins, la nature et le climat aidant, les insectes qui élaborent ce miel blanc et parfumé connu sous le nom de miel de Narbonne.

Pour récolter cette substance et la conserver avec toutes ses précieuses qualités, voici comment il convient de procéder :

Si l'on veut obtenir un miel de premier choix, après avoir préalablement nettoyé les cellules contenant du pollen ou des nymphes, s'il en existe encore dans ce qu'on a cueilli, à l'aide d'un couteau à lame mince et flexible (un petit couteau de dessert), on enlève délicatement la pellicule de cire qui recouvre les alvéoles ; puis on place les gâteaux ainsi ouverts sur un tamis de crins, sur le fond duquel on aura placé quelques baguettes transversales ; au-dessous du tamis on place un vase de terre vernissé, on recouvre le tout d'un linge, et, si l'on opère par un beau jour, on peut recouvrir l'appareil d'une caisse vitrée ou tout simplement une cloche à melon. L'exposition au soleil pendant quelques heures suffira pour faire couler le miel à travers le tamis ; on aura ainsi un miel de qualité supérieure que l'on pourra à volonté rendre aromatique, en disposant sur le tamis quelques feuilles ou fleurs de plantes odoriférantes qui lui communiqueront leur arome pendant cette sorte de distillation. Les fleurs d'oranger, de violettes, de roses, de thym, de serpollet, d'acacia, etc., pourront être avantageusement employées, mais aucune ne communique au miel une odeur plus sympathique que la feuille de citronnelle, ainsi nommée parce qu'en la froissant entre les doigts elle laisse exhaler une odeur qui rappelle celle du citron.

Si l'on était privé de la chaleur du soleil, on opérerait de la même manière dans un endroit clos et convenablemeut chauffé. Le four tiède d'un fourneau ou d'un calorifère serait fort commode dans ce cas.

Après avoir laissé s'écouler librement ce premier miel, qui constitue proprement ce qu'on appelle *miel vierge*, on obtient de ces mêmes gâteaux exposés à une chaleur artificielle plus forte, aidée d'une légère pression, un miel de seconde qualité dont on fait un tirage à part.

Enfin un troisième miel, très-inférieur aux précédents, mais encore bien préférable aux miels alté-
rés du commerce, sera extrait par une pression
plus considérable des rayons déjà en partie épui-
sés, que l'on enfermera dans un sac de forte toile
et qu'on laissera tremper pendant quelques heures
dans de l'eau tiède. Ce miel, mélangé d'une certaine
quantité d'eau, sera ramené à sa consistance naturelle par une ébullition prolongée assez longtemps
pour qu'il ait atteint le degré convenable pour pouvoir être conservé sans que la fermentation s'en
empare.

Le miel ainsi recueilli doit être incontinent renfermé dans des vases de verre ou de terre vernissés,
et, comme il est très-susceptible de s'altérer au
contact de l'air qui le fait aigrir avec la plus grande
facilité, il est plus avantageux de le mettre dans des
vases de dimension moyenne que de le renfermer
dans de trop grands récipients, que l'on ne saurait
déboucher sans donner introduction à l'air, cha-
quefois que l'on veut renouveler sa provision. Une
bonne précaution, serait de recouvrir chaque pot
d'une feuille de papier imbibée d'eau-de-vie,
comme on a coutume de le faire pour les confitures,
et ensuite d'une seconde feuille de papier huilé
dont les bords seraient collés sous les rebords du
vase. Pour éviter l'attaque des insectes qui s'atta-
chent à la colle de farine, vous pourrez mêler à
celle-ci quelque peu de poudre d'aloès. Enfin, par
surcroît de précaution, vos pots, portés au fruitier

ou dans tout autre endroit frais et sec, seront à demi enterrés dans la cendre et recouverts d'un carreau pour les mettre à l'abri des souris, des guêpes et surtout des fourmis, qui pourraient s'y glisser à la sourdine en perçant traîtreusement le couvercle. Pour le cueillir on se servira d'une cuillère de fer trempée dans l'eau chaude.

Dans les pays privés des dons de Bacchus, on utilise le liquide provenant de la seconde pression du marc des rayons et du résidu du lavage pour en fabriquer une liqueur fermentescible qui imite, jusqu'à un certain point, le vin ou ses composés.

Après avoir fait réduire d'un quart environ ce résidu sur un feu doux, on le passe au travers d'un linge, et, le vidant dans un baril dont la bonde reste ouverte, on laisse agir la fermentation. Lorsquelle se calme, on remplit peu à peu le baril avec le même liquide dont on a mis à part une certaine quantité renfermée dans des bouteilles. Cela fait, on bouche et on a soin de tenir *ouillé*. Au bout de trois mois, on a une liqueur potable qui ne vaut pas l'ambroisie, sans doute, mais bien préférable à l'aigre piquette de certains pays.

Avec une partie de miel pur sur quatre parties d'eau, que l'on fait bouillir jusqu'à réduction d'un tiers et que l'on fait fermenter graduellement, ainsi qu'il a été expliqué plus haut, on prépare un hydromel vineux qui, mis vieillir dans des bouteilles de grès ou de verre, acquiert parfois un feu et un

bouquet à tromper des gourmets non profès toutefois ès-science œnologique.

On pourra même, si l'on veut, se donner la satisfaction de fabriquer une assez passable imitation
de l'ambroisie mousseuse de Mme Cliquot, en faisant fermenter ensemble, dans des bouteilles bien
bouchées, cinq kilogrammes de miel purifié, cinq
litres de vin blanc et un litre d'alcool. Mais toutes
ces manipulations sont jouissances de propriétaire,
et, si vous habitez un pays où le vin est commun,
ce serait peines et temps perdus que de consacrer
le miel à cette grossière contrefaçon des vendanges.
Vous ferez tout simplement de celui-ci deux parts :
l'une, des rayons du miel le plus pur que vous conservez pour votre table afin de l'offrir à vos amis,
si vous êtes de ceux qui prennent soin de ne pas
laisser croître l'herbe sur le chemin de l'amitié ; ou
pour faire porter sur le marché, si vous êtes obligé
de compter sur cette branche de vos revenus.

La seconde part, composée du miel coulé, sera
mise de côté pour les usages pharmaceutiques,
boissons, gargarismes, pour vous, vos gens et vos
animaux domestiques, ainsi que pour servir de
nourriture supplémentaire à vos abeilles en cas de
besoin. Ayez toujours des provisions suffisantes
pour ne pas être obligé de donner à vos abeilles du
miel de commerce. Ce miel est ordinairement altéré, additionné de substances étrangères, blanchi
souvent avec des matières irritantes qui agissent
sur les abeilles à la manière des poisons. Lorsqu'on

a mangé de ce miel, on sent dans l'arrière bouche un feu, une âcreté qui irrite et excite la toux. Si vous vous trouvez pris au dépourvu, et que vous redoutiez les suites de la famine pour quelqu'une de vos ruches, n'achetez que du miel en rayons, et ne pratiquez pas la fausse économie de donner à vos abeilles du miel pris dans le commerce. J'ai vu, en semblable occurrence, mes abeilles tomber autour de l'auge à miel comme les mouches en été autour de l'assiette de Colchotar. Ainsi le remède avait été pire que le mal. Mais si vous n'avez que le choix du miel coulé en pots, voici à quel signe vous pourrez juger de sa pureté.

Le bon miel est clair, transparent, lourd et filant. S'il est conservé depuis quelque temps, il sera blanc, dur, épais, grenu; et, dans l'un et l'autre cas, il exhalera une odeur douce, *sui generis*, légèrement aromatique. Les localités où l'on récolte le miel influent aussi un peu sur ses qualités : les miels récoltés dans les plaines sont mous, colorés et odorants ; ceux des altitudes subalpines, un peu plus fermes, de consistance pâteuse, de couleur citrine, à odeur fine de miel ; ceux des altitudes alpines, durs, grenus, blancs ou d'une teinte citrine pâle, presque inodores.

Mais il ne faut pas se rapporter uniquement au sens de la vue et de l'odorat ; nos commerçants sont devenus si habiles dans l'art de tromper, qu'ils sont parvenus à donner à leur miel sophistiqué la couleur la plus flatteuse et le parfum le plus agréable

C'est donc seulement au goût que l'on pourra reconnaître s'il est falsifié. Le miel pur, quelle que soit son origine et sa nuance, ne doit laisser aucun arrière-goût désagréable; il ne doit ni irriter le palais, ni communiquer à la gorge une impression brûlante; il doit laisser la bouche fraîche et parfumée, en lui communiquant une saveur durable et de bon goût.

DE LA CIRE.

La cire est le résidu des rayons dont on a exprimé le miel.

> Quand on a des palais de ces filles du ciel
> Enlevé l'ambroisie en leurs chambres enclose,
>   Ou pour dire en français la chose,
>   Après que les ruches sans miel
> N'ont plus rien que la cire....... (1)

On fait fondre ce résidu dans l'eau chaude après l'avoir enfermé dans un sac de toile claire, que l'on maintient, dans une chaudière, entièrement sous l'eau en le chargeant de quelque poids. L'eau doit être entretenue constamment en ébullition à l'aide d'un feu doux. La cire s'élève à la surface de l'eau à mesure qu'elle fond, et on l'enlève au fur et à mesure avec une grande cuillère comme celle dont on se sert pour écrémer le lait. On la jette dans un autre vase plein d'eau chaude où elle achève de

____

(1) LAFONTAINE, IX, 12.

se purifier, et la masse, en se refroidissant, prend
la forme d'un pain, dans lequel on passe une anse
de corde pour le suspendre en attendant qu'on
s'en serve, si on ne la livre pas de suite au commerce.

La quantité qu'on en peut extraire varie suivant
qu'on opère sur une ruche nouvelle ou une ruche
d'ancienne date. Blanche, mince, friable et légère
dans la première, elle est épaisse, lourde et abondante dans la seconde. On estime de un à deux
kilogrammes le poids brut des rayons d'une ruche,
donnant en moyenne cent-vingt grammes de cire ;
celle-ci serait donc au miel comme 1 : 36.

Pour le miel, cette récolte varie depuis cinq jusqu'à dix kilogrammes ; mais, si l'on ne veut pas renouveler la déception de Perrette, il est plus sûr
de ne compter que sur une moyenne de cinq à six
kilogrammes, pour chaque ruche prise l'une dans
l'autre.

Il est toutefois des récoltes exceptionnelles.
Ainsi, j'ai vu des apiculteurs se vanter d'avoir retiré jusqu'à vingt-cinq et trente kilogrammes d'une
ruche, mais cette cueillette trop avide avait causé
la perte de la ruche l'année suivante. J'ai, en ce qui
me concerne, retiré jusqu'à 13 kilogrammes de miel
d'un seul chapiteau, sans comprendre une provision assez considérable renfermée dans l'étage supérieur, que j'ai bien soin de laisser dans le but de
subvenir aux grandes consommations nécessitées
pour l'entretien du couvain et des jeunes abeilles ;

car il est reconnu que le bien-être et l'abondance des provisions influent considérablement sur la qualité et la quantité des essaims, et que ceux-ci sont, en outre, bien plus précoces et plus assurés. Un essaim venu dans les premiers jours de mai rend au double d'un essaim venu dans le courant de juin ; aussi les gens de la campagne, grands amateurs de proverbes,— cette sagesse des nations, — ont-ils coutume de dire « qu'un essaim de mai vaut une vache à lait. »

Quant à la cire, elle est aussi une de ces productions dont la valeur n'est pas à dédaigner. Son prix se maintient encore assez élevé, malgré les grandes diminutions de l'usage qu'on en faisait naguère pour l'éclairage, détrônée qu'elle est aujourd'hui de la boutique et du salon par l'huile, la stéarine, le schiste, le pétrole et tous ces gaz plus ou moins nauséabonds, qui ont la prétention, mal fondée, de remplacer cette substance aristocratique dans son essence, qui, transparente et colorée, projetait si avantageusement sa lueur diaphane et discrète sur les moëlleuses étoffes du boudoir et les somptueuses draperies du salon.

Notre siècle vénal n'a pas rougi d'étendre son art de tromper jusqu'à la fabrication du cierge et de l'encens, appelés à remplacer sur nos autels la fumée des anciens sacrifices, tandis que nous voyons dans nos temples une pompe toute mondaine et les bruyants accords de la musique profane, prendre la place de cette auguste simplicité qui sied si bien à une religion dont le divin fondateur à choisi une crèche pour son berceau, et dont la courte vie mortelle a été en quelque sorte l'apothéose de la pauvreté !

Hélas où sont ces temps où d'un rayon de miel,
D'un peu de lait, de fruits, on apaisait le ciel !
(DELILLE. — *L'Homme des champs.*)

Tel était en substance le sacrifice d'Abel, dont la touchante simplicité trouva grâce devant Dieu. Telles aussi la fable nous dépeint les premières communications de l'homme avec la divinité, dans sa délicieuse rêverie de l'âge d'or.

Pour quiconque n'assiste pas en indifférent à l'émouvant spectacle de l'univers, une chose, qui devrait exciter le plus notre admiration, est assurément la prodigieuse variété avec laquelle la Providence a multiplié dans ses œuvres tout ce qui pouvait être utile à l'homme. Nous sortons de voir en détail ses plus touchantes attentions dans la merveilleuse industrie de l'abeille. Nous avons vu également l'Inde nous offrir dans le suc d'un simple roseau un trésor plus précieux que tous les parfums si vantés de l'Arabie, et voilà qu'elle a donné à l'abeille, jusque près des glaces du pôle, un rival à son industrie cirière, dans le gigantesque cachalot, ce Léviathan de l'Écriture, véritable tyran des mers, qui ne mesure pas moins de 30 à 35 mètres de long sur 10 de diamètre en grosseur, et que, malgré ses redoutables défenses, malgré sa force

colossale qui lui permet de submerger un grand
navire d'un coup de son énorme queue, nos hardis
marins ne craignent pas d'attaquer corps à corps,
pour lui ravir ce qu'on appelle le *blanc de baleine*,
espèce de cire blanche et friable que la nature a dé-
posée dans les orbites et autres cavités de la tête
de ce monstrueux cétacé. La quantité de cire qu'on
peut tirer de chaque cachalot peut aller jusqu'à
20 barils, outre 80 barils d'huile et 25 livres d'am-
bre gris. N'est-ce pas le cas de s'écrier avec le sage:
ô altitudo ! ô petitesse et grandeur de l'homme, si
faible en apparence devant ces colosses de la création et si fort devant Dieu, puisqu'il ose les affronter et qu'il vient à bout de les vaincre et de s'approprier leurs dépouilles ! Et, si tout à l'heure nous
avons admiré la nature dans ses harmonies, comment ne pas nous anéantir devant ses étonnants
contrastes, l'infusoire, l'insecte, le cétacé; les con-
ferves, la mousse, le baobab ! L'homme seul,
dans la création, a reçu de Dieu le don d'entrevoir
un coin de sa grandeur ; il est dans ce monde comme le nœud et l'aboutissant des deux points extrêmes de l'étendue, l'infiniment grand et l'infiniment
petit, ou, comme le dit, en d'autres termes, Pascal,
la communion des deux infinis.

CHAPITRE XIV

—◆◆—

At cui mellis amor cytisum tolosque frequentes.

Ipse thymum, pinosque ferens de montibus altis,
Tecta serat late circum.........

V.

Chez lui, le vert tilleul tempère les chaleurs,
Le sapin pour l'abeille y distille ses pleurs ;
Aussi dès le printemps, toujours prêts à renaître,
D'innombrables essaims enrichissent leur maître.

D.

CE serait, il me semble, rendre un grand service
à ceux qui élèvent des abeilles, que de leur
présenter un tableau des plantes qui fournissent
le plus de miel et de celles qui donnent un miel de
meilleure qualité, ne fût-ce que pour les engager
à multiplier autour de leur demeure ces végétaux
doublement utiles.

Parmi ces derniers, je placerais d'abord toutes
les plantes labiées, le romarin, la lavande, l'hy-

sope, le thym, l'origan, la bétoine, le teucrium, le marrube, la mélisse, la citronelle, la bourrache, la grande mauve, le lys, et la plupart des plantes de nos jardins.

Parmi les autres, les cucurbitacées, le blé sarrasin, le tilleul, l'épinette-vinette, les pruniers, poiriers et amandiers, et surtout les cerisiers ; le trèfle, le cytise, la fève, et presque toutes les légumineuses proprement dites, le rhamnus ou nerprun, le jujubier, le paliure, l'alaterne. La plupart des plantes crucifères, les liliacées, et toutes celles dont les étamines sont grosses et très-nombreuses, fournissent abondamment de la cire.

Mais les plantes dont, à mon avis, il importe le plus de pourvoir le voisinage des abeilles, ce sont celles qui fleurissent dès les premiers jours du printemps, alors que la terre est encore dans une sorte de torpeur, le narcisse, la primevère, la buglose, le pissenlit, la pâquerette, et cette petite crucifère que l'on cultive en bordure sous le nom de corbeille blanche. Le groseiller à maquereau, la symphorine, l'amandier, le pêcher, le fraisier, le buis, sont très-recherchés par elles ; le lierre lui-même, malgré sa petite fleur apétale et sans apparence et sa mauvaise réputation, leur fournit, sur son large pistil gommeux, un ample butin ; la bétoine, les verges d'or, le bouillon blanc sont aussi fort de leur goût, et on les voit souvent dédaigner des jardins couverts de fleurs à leur portée, pour aller

au loin, dans les bois ou sur les landes de bruyères, chercher celles qu'elles préfèrent :

> C'est du séjour des Dieux que les abeilles viennent ;
> Les premières, dit-on, s'en allèrent loger
>   Au mont Hymette, et se gorger
> Des trésors qu'en ce lieu les Zéphirs entretiennent (1).

Le saule marceau, qui tapisse de ses longues
fleurs en chatons les lieux bas et marécageux,
reçoit leurs fréquentes visites ; la vigne leur
offre sa modeste fleur à odeur de réséda, et les
vastes champs de trèfle leur livrent une abondante
pâture dans les myriades de fleurs globuleuses qui
exhalent au loin leur fragrante odeur de jasmin.
Les champs de colzas en fleur sont pour les abeilles de véritables aubaines. On les voit voltiger en
nombreux escadrons bourdonnants autour des or-
meaux, des marronniers, des accacias ; et les cerisiers, abricotiers et pêchers, qui ouvrent prématurément leurs corolles au souffle de la brise d'avril,
les ont pour hôtes assidus.

Mais parmi les plantes dont les fleurs sont visi-
tées avec amour par les abeilles, il faut mettre au
premier rang l'oranger. Pendant les 15 ou 20 jours
que dure la floraison de ce bel arbre, elles ne le
quittent pas ; tous ceux qui récoltent périodiquement le miel de leurs ruches constatent l'abondance et la supériorité du miel cueilli à ce moment.

(1) Lafontaine, ix, F. 12.

Comme on le voit, le printemps est, en général, assez prodigue de fleurs pour les abeilles ; mais, ce moment passé, la source de leur richesse tend singulièrement à tarir. Ce qui importe donc avant tout, c'est de multiplier les plantes qui fleurissent pendant la saison de l'été et celle de l'automne. Le midi de la France ne doit qu'au grand nombre de plantes labiées, qui s'épanouissent pendant une grande partie de l'été, l'abondance et la qualité supérieure de son excellent miel. La Bretagne retire les mêmes avantages du blé sarrasin, qui fournit aux abeilles une abondante pâture en automne, mais qui est loin de donner à son miel la suavité de celui du midi. Les landes du nord leur offrent dans l'interminable floraison de leurs bruyères une ressource non moins précieuse. Les abeilles ne travaillantdans le printemps et pendant une partie de l'été que pour nourrir les jeunes larves, c'est principalement après le moment de la grande ponte, qu'exclusivement occupées de la récolte du miel, elles s'approvisionnent pour l'hiver : alors, si elles trouvent des champs abondamment fleuris, on conçoit combien leur récolte doit être plus fructueuse.

On a écrit que les abeilles, en butinant sur des plantes narcotiques, communiquaient à leur miel des qualités vénéneuses. Il y a une grosse erreur cachée sous cette assertion hasardée ; il n'y a pas d'exemple qui justifie cette allégation, et le fait cité par Xénophon de soldats enivrés par l'usage du miel de ce pays, recueilli par les abeilles sur une plante qui ne paraît être autre que l'ellébore ou la belladone, peut aussi bien être attribué à une ivresse véritable, suite de l'usage d'un miel fermenté et converti en hydromel, qu'à la qualité du miel lui-même. Aussi, bien qu'on voie journellement dans nos pays les abeilles butiner sur les fleurs de plantes vénéneuses, telles que les aconits, les ancolies, les daphnés, les digitales, les solanées, il ne faut pas en conclure qu'elles en sucent les principes toxiques : non, le miel est toujours un produit sain de sa nature, comme le lait. Pour écarter toute idée de crainte à cet égard, reposons-nous sur ce fait, d'une invariable fidélité, qu'un instinct privilégié guide toutes les bêtes dans le choix de leur nourriture : cet instinct leur fait fuir les plantes dangercreuses. Pour elles, comme pour tous ses enfants, la nature n'a pas d'appât perfide.

L'abeille doit donc être considérée uniquement comme l'agent collecteur des sucres des végétaux naturellement préparés, localisés, accumulés; son miel n'est pas le résultat d'opérations chimico-physiologiques avec séparation de principes hétérogènes, mais une simple collection des sucres tout préparés par les végétaux.

Le climat et l'altitude du lieu influent sur la production du miel et sur sa qualité, beaucoup plus encore peut-être que la diversité des plantes qui le fournissent. La matière sucrée que les abeilles

prennent aux végétaux est, chimiquement parlant, la même; leur mode d'élaboration est le
même aussi partout ; la richesse seule de la substance saccharine est sujette à varier. Cette substance est, toute proportion gardée, beaucoup plus
abondante dans les montagnes à climat hyperbo-
réen, où elles ont à butiner, non-seulement sur des
fleurs, mais encore sur des arbres qui sécrètent
des matières sucrées parfaitement élaborées, tels
que le mélèze, le bouleau, l'érable, le frêne, où ces
essences ligneuses saccharifiées se développent
avec toute leur vigueur. Là elles puisent un suc
sucré et concentré, qui exsude tantôt de l'écorce,
tantôt des feuilles ; leur nutrition saccharine y est
abondante et facile, et leur miel est d'autant plus
riche en sucre blanc et grenu.

On comprend, par ce qui précède, combien serait avantageuse et favorable à l'extension de l'industrie agricole, l'acclimatation, dans les prairies,
des plantes saccharifères des montagnes et des régions froides, en revêtissant par des reboisements
progressifs les pentes dénudées de nos ravins et de
nos monticules, aujourd'hui sans verdure; en fa-
vorisant, dans tous les lieux accessibles, la culture
de l'érable et surtout du mélèze, cet arbre précieux
à double titre, et par l'incorruptibilité de sa fibre,
et par les produits de sa sève sucrée et balsami-
que. Nulle part en effet la production du miel n'est
plus abondante que dans les localités alpines où ce
bel arbre végète naturellement. La réussite dans

l'élève des abeilles dépend donc de ce problème fondamental : *Multiplier les sources saccharines.* Or ce but sera atteint partout en mettant à la portée de ces précieux insectes les essences végétatives sacchariféres (1).

L'homme, à qui Dieu a donné la terre pour héritage, peut, suivant son besoin, en varier la surface et la transformer, pour ainsi dire, à son gré. Sous sa main intelligente, les lieux en apparence les plus arides finissent à la longue par se revêtir d'une luxuriante verdure en se couvrant de végétaux de toute espèce. J'aime à me rappeler à cette occasion ce trait remarquable de persévérance d'un apiculteur aussi patient que zélé.

Confiné par le sort, ainsi que le vieillard chanté par Virgile, dans un canton stérile et dépourvu pendant une grande partie de l'année de toute espèce de végétation, notre amateur fut loin de se décourager. Il fit emplette de toute espèce de graines de plantes qui croissent communément dans les champs, et à chacune de ses fréquentes promenades, il les répandait à profusion dans les lieux où il pensait qu'elles pouvaient prendre racines, sur la lisière des bois, le long des chemins, et sur les bords escarpés des maigres filets d'eau qui coulaient dans ce pays désolé. Ses rares habitants, en le voyant toujours la main en l'air, lançant en apparence ses graines aux oiseaux, le

____

(1) **Ch. Calloud.** *Mémoire sur les miels de Savoie.*

prenaient pour un fou, et, souriant lorsqu'ils le voyaient passer et repasser devant eux, le poursuivaient de leurs cris moqueurs.

Bientôt, la pluie et le soleil aidant, toute la campagne aux environs se couvrit de fleurs, sur lesquelles les abeilles vinrent butiner à l'envi ; de nombreux essaims finirent par récompenser ce zèle persévérant en dépit des obstacles , et les rieurs, à la fin, passant de son côté, n'eurent rien de plus pressé que de le suivre dans sa voie : si bien qu'aujourd'hui, grâce à la courageuse initiative et à la louable persévérance d'un seul homme, une contrée jadis nue, stérile et inhospitalière aux abeilles, est devenue parée, riante, couverte de fleurs, et fait, de plus, du miel et de la cire qu'elle recueille, l'objet d'une industrie lucrative considérable.

L'homme, cet être en apparence si chétif, si on le compare aux colosses de la création, mais en lequel se meut une portion de l'intelligence divine, s'est ingénié de tout temps à prendre possession de cette terre sur laquelle il règne sans conteste, Pour lui il n'existe plus, à proprement parler, de climat, qui le retienne parqué dans une de ces zones terrestres établies par le Créateur pour conserver la diversité des espèces ; on le rencontre également actif et entreprenant partout ; bravant ici les chaleurs tropicales, défiant là les montagnes de glace placées comme une barrière infranchissable à l'extrémité de ses domaines. Avec une adresse non moins merveilleuse, il est parvenu à confondre les saisons, et dans les serres où se pressent les végétaux de tous les climats, il recueille tout à la fois et les fleurs du printemps et les fruits de l'été, alors que tout est encore autour de lui plongé dans les frimats. Chaque jour ajoute à ses richesses, et lui apporte, avec de nouveaux besoins, de nouveaux moyens de les satisfaire. Les moyens puissants de transport dont il dispose, les connaissances qu'il a acquises sur les lois de la végétation, lui ont permis d'ériger en science l'acclimatation des espèces qui paraissaient, dès le principe, rebelles à la transportation ; et aujourd'hui ses importations ne connaissent, pour ainsi dire, plus de bornes.

Les anciens, qui ne connaissaient pas nos procédés d'extraction du suc des végétaux, et pour lesquels le miel était un objet de première nécessité, s'étaient étudiés, autant qu'il était en eux, à en multiplier la production ; mais ne pouvant, comme nous, amener la montagne à eux, ils étaient allés vers la montage ; ils chargeaient leurs ruches sur des bateaux, et en les faisant lentement et progressivement passer des climats les plus chauds vers les pays tempérés, ils prolongeaient ainsi indéfiniment la saison des fleurs pour leurs abeilles. Telle qu'aujourd'hui la Chine nous montre ses bateaux chargés de canards sillonnant en tous sens ses grands fleuves aux rives limoneuses, tels Columelle et Pline nous montrent les canges du

Nil chargées de ruches, passant successivement,
des rives basses et sablonneuses d'Alexandrie aux
rivages de la verte Memphis ; puis, glissant sous
les sombres murs de Thèbes, pour aller passer la
saison d'été dans les îles enchantées d'Éléphantine
et de Philœ, au pied des sauvages montagnes de
la Nubie, que la fraîcheur des eaux et la constante sérénité de l'air (1) semblaient transformer
en un Eden toujours vert et toujours fleuri. Heureux insectes, objet de tant de prévenances, et
que ne pouvons-nous ainsi, satisfaits du présent et
insoucieux de l'avenir, passer nos jours dans un
printemps perpétuel !

Les Scythes, eux aussi, avaient adopté ce mode
de paccage ; mais ne pouvant disposer de rivières
pour promener leurs abeilles, ils les chargeaient
sur de lourds charriots et leur faisaient parcourir
successivement leurs immenses steppes, s'enfon-
çant avec elles vers le nord à mesure que le hâle
de la chaleur tarissait, dans leurs plaines inter-
minables, les sources de la végétation.

Cette coutume s'est conservée de nos jours dans
certaines contrées, et si l'on ne fait pas voyager
les abeilles dans des chars, aujourd'hui que la
terre est morcelée et qu'il n'existe presque plus
de déserts nulle part, nos cultivateurs ont encore

> *Quivi boschetti di soavi allori*
> *Cedri ed aranci, che avean frutti e fiori,*
> *Facean riparo ai fervidi calori*
> *De' giorni estivi con lor spesse ombrelle.*
>
> ORL., VI, **21**.

dans quelques pays l'habitude de transporter leurs
ruches, des plaines dans la montagne, pour les
maintenir en continuité de rapport avec les élé-
ments constitutifs de leur industrie. En d'autres
lieux, sans leur faire subir d'aussi grands dépla-
cements, on se contente de transporter les ruches
près des champs à mesure qu'ils se couvrent des
fleurs que les abeilles viennent chercher au loin ;
sans doute on pense leur économiser par là une
grande perte de temps et, en triplant ou décuplant
le nombre de leurs courses, augmenter d'autant
la recette de miel.

Mais tout n'est pas rose ni profit dans ces dé-
ménagements par expropriation forcée et sans
avertissement préalable : si les abeilles souffrent
patiemment les entreprises de l'homme quand
elles sont engourdies par l'hiver, elles aiment peu,
en revanche, à être dérangées dans le moment de
leurs grands travaux ; elles en conservent parfois
de longues rancunes, et on en a vu se venger cruellement sur les êtres animés qui sont à leur portée.
Les abeilles auxquelles on arrache brusquement
leurs capuchons de miel pendant l'été, deviennent
parfois féroces, et se jettent à droite et à gauche
sur tout ce qui s'offre à elles, au point de rendre
leur voisinage inhabitable. Il en est de même pour
celles qu'on change de place en temps inopportun,
et cela devient bien pire encore lorsque leur colère, longtemps contenue, a été portée au dernier
paroxysme par les secousses répétées du transport

sur une dure charrette. Il ne se passe pas d'années qu'on ne relate des accidents graves et parfois même mortels causés par des abeilles qu'on avait enmenées en paccage dans des champs, et qui s'étaient jetées avec fureur sur des animaux ou des gens qui passaient à leur portée. L'homme se hâte de fuir à leur approche et parvient à échapper à leurs atteintes, non toutefois sans quelque blessure ; mais les animaux tenus à l'attache ou attelés à la charrue deviennent souvent leurs malheureuses victimes.

Conclusion : il faut en toute chose de la modération ; lorsque vous ferez quelque entreprise sur vos abeilles, faites-la avec prudence et en vous maintenant autant que possible dans les conditions de leur nature, évitant de contrarier trop ouvertement leurs habitudes.

Il est certain tempérament
Que le maître de la nature
Veut que l'on garde en tout ; le fait-on ? nullement.
Il n'est âme vivante
Qui ne pèche en ceci. Rien de trop est un point
Dont on parle sans cesse et qu'on n'observe point.

LAFONTAINE, IX, F. XI.

CHAPITRE XV

LE CALENDRIER DES ABEILLES, MÉMORIAL

DE L'APICULTEUR

> ..... *Redit agricolis labor actus in orbem.*
> *V., G., II.*

Nous avons vu que les abeilles, sagement prévoyantes, savaient se guider dans leurs actes
sur les variations futures de l'atmosphère (1), et
que, sans avoir des tables astronomiques à leur
disposition, elles possédaient la prescience du
temps, aussi bien et mieux peut-être que nos as-
tronomes ; nous ne serons donc pas surpris de voir

(1) *Venturæ hiemis memores æstate laborem experiuntur.*

V.

ces « filles du soleil et de la rosée » régler la série de leurs travaux sur les phases amenées par la rotation annuelle de notre globe autour de l'astre qui anime tout de sa présence, et dont l'absence, ou la simple obliquité à l'horizon, tient tout plongé dans la torpeur.

Ce ne sera pas encore là un des moindres traits de similitude de nos petites citoyennes avec les savants auxquels nous osions tout à l'heure les comparer, que de les voir dans nos contrées se guider dans la perpétration de ces actes sur notre calendrier républicain, calqué, comme on le sait, sur le cycle solaire.

Ainsi, après que l'été, et après lui l'automne, sont venus clore la série des travaux de l'année, l'abeille se prépare, par le repos des *jours complémentaires*, à la grande rénovation que le soleil va amener en s'avançant sur l'écliptique.

En OCTOBRE et NOVEMBRE, les abeilles commencent à travailler en prévision de l'hiver qui s'approche. C'est alors qu'elles exécutent au dedans ces travaux de consolidation qui assurent la résistance de leurs édifices ; qu'elles ouvrent entre les diverses parties de leurs demeures des communications plus faciles ; qu'elles en rétrécissent les ouvertures, et qu'elles fixent solidement leurs ruches pour les mettre en état de résister aux tempêtes que va déchaîner la mauvaise saison. Fière, à juste titre, de

sa prévoyance, l'abeille peut se dire avec le poète,
ami des doux loisirs :

> Quand Phébus règnera sur un autre hémisphère,
> Alors je jouirai du fruit de mes travaux :
>   Je n'irai, par monts, ni par vaux,
>   M'exposer au vent, à la pluie,
>   Je vivrai sans mélancolie,
> Le soin que j'aurai pris de soin m'exemptera.
>
> LAFONTAINE, IV, F. 3.

Les visiter de temps en temps pour s'assurer
qu'elles ne manquent de rien, les peser (1), et réunir les ruches faibles, si l'on veut augmenter sa
recette, plutôt que d'y procéder par voie d'extinc-
tion, comme le barbare colon, *durus arator*, pour
lequel rien n'est sacré quand il s'agit de ses intérêts, voilà en substance tous les soins qu'exige
cette saison, qui n'est en quelque sorte qu'une
transition et comme le vestibule de l'hiver.

Comme l'embryon encore caché dans le sein
maternel, l'abeille prélude par une phase de torpeur à la période qui doit ramener pour elle, avec
le réveil de la nature, le retour de son activité et
le renouvellement de ses travaux. Aussi aurons-
nous peu à dire pour ce qui concerne les mois de

(1) Glissez sous la ruche une planche garnie de quatre
cordes qui se relieront à une romaine ; si vous avez eu soin
de faire d'avance la tare de vos ruches, l'excédant désignera,
à peu de chose près, la quotité des provisions emmagasinées par les abeilles.

DÉCEMBRE et JANVIER : veiller à ce qu'elles aient des provisions suffisantes pour le moment de leur réveil ; s'assurer que la ruche est saine et ne contient ni teignes, ni couvain gâté : que les pluies n'y pénètrent pas, et ne peuvent engendrer l'humidité des rayons et la moisissure qui en est la suite ; débarrasser les ouvertures des neiges qui, en s'amoncelant sur le tablier, mettent obstacle à la rénovation de l'air ; placer les paillassons à l'approche des grands froids : voilà tout le souci du moment.

FÉVRIER et MARS : les jours ont grandi ; le soleil reste plus longtemps à l'horizon, et de temps en temps ses rayons se font jour à travers une éclaircie. Les abeilles commencent à s'éveiller de leur long sommeil, image de la mort.

> . . . . *en age, segnes*
> *rumpe moras !* . . . .

Voici le moment venu de faire la première inspection de l'année (1) ; de s'assurer de la consommation qui s'est faite pendant l'hiver ; de cueillir quelques rayons aux ruches, et de faire à vos essaims pauvres des avances qui vous seront rendues

(1) Ayez toujours l'attention, pour faire cette visite, de profiter d'une belle matinée ; que l'air ne soit pas trop frais, afin que les abeilles qui s'échapperaient de la ruche puissent y rentrer sans être surprises et asphyxiées par le froid :

> *Hinc cœli tempore certo*
> *dulcia mella primes.*   V.

avec usure. Cueillez d'abord les rayons latéraux du
chapiteau (1); plus tard, en avril, lorsque la campagne couverte de fleurs aura assuré la subsistance
de vos abeilles, vous cueillerez les cadres, épargnés
à cette heure.

AVRIL et MAI : terminer la cueillette et se préparer à recevoir les essaims ; placer des ruches d'at-

---

(1) Afin de faire la visite du chapiteau plus à l'aise, on
pourrait disposer le derrière de cet étage de telle façon
qu'il suffise de l'arrachement de quelques clous-vis pour
l'enlever en entier. De cette manière, on peut plonger l'œil
dans toutes les ruelles, en déloger les abeilles et emporter
tout le magasin, sans qu'il en contienne une seule. On évite
par là d'emporter la reine qui, pressée par le défaut d'espace, vient parfois déposer quelques œufs, principalement
des œufs de mâles, dans les cellules restées disponibles
dans ce compartiment. Si cela vous arrivait, vous le recon-
naîtriez bien vite à l'obstination des abeilles à séjourner
dans ce compartiment, et à leur bruissement particulier.
Il faudrait vous empresser de remettre tout en place. La
reine est plus impressionnable par le froid que les rusti-
ques travailleuses et il m'est arrivé, en semblable circonstance, de la trouver, au lendemain, morte au milieu d'un
groupe d'abeilles qui n'avaient cessé de la couvrir de leur
corps, mais sans pouvoir la préserver de ce funeste sort.
Toute la journée, ce fut une procession perpétuelle autour
de son corps, que j'avais exposé au soleil : les abeilles le
soulevaient, le caressaient de leurs antennes et ne l'aban-
donnèrent qu'après lui avoir prodigué les soins les plus
touchants, et épuisé tout ce qui était en leur pouvoir pour
la rappeler à la vie.

tente dans le voisinage du rucher ; choisir pour elles des expositions au levant ou au couchant; les frotter d'herbes aromatiques, et suspendre dans le dôme quelques commencements de travaux pour solliciter les abeilles fourrières à s'y établir (1) ; découvrir les ruches mères si elles tardent trop à lancer leurs émigrations; avancer les bancs de manière à ce que le soleil vienne les frapper vers les neuf ou dix heures, et si des jours froids venaient refouler les abeilles dans leurs ruches, donner quelques provisions à celles qui vous auront paru peu fournies, ou à celles dont vous auriez cueilli avec trop d'avidité le miel dont elles ont le plus grand besoin pour leur nombreuse progéniture, pendant ces jours incertains et si variables du printemps.

Si vos ruches sont placées au pied d'un arbre vert, épicéa, pin du Nord, cèdre ou genevrier, elles

______

(1) Les abeilles, nous l'avons dit, aiment les lieux retirés, où elles espèrent vivre en paix et cacher leur trésor, objet de convoitise pour tant d'ennemis :

> « Là, sous d'âpres rochers, près d'une source pure,
> « Lieu respecté des vents, ignoré du soleil.... »

Vous fixerez les ruches destinées à attirer les essaims indécis. En les établissant de premier jet dans les lieux qu'elles choisissent de préférence, vous aurez bien plus de chances de les leur voir adopter pour terme de leurs courses aventureuses ; elles s'y fixeront d'autant plus volontiers qu'elles s'y croiront mieux cachées.

ne craindront ni l'ardeur du soleil, ni la pluie ; et il vous sera toujours facile de les avancer dans les moments propices pour les essaims, afin de hâter le départ de ceux-ci, en les plaçant à une exposition favorable. Mais si elles se trouvent placées entre deux arbres au feuillage caduc, il sera de bonne précaution de les abriter provisoirement à l'aide de petits paillassons ou d'une toiture de chaume, pour les garantir des coups de soleil du printemps, en attendant que les arbres aient pris leur vêtement d'été. Bien que le peu de longueur des rayons du chapiteau de nos ruches en fasse moins redouter la fusion et le décollement que dans les ruches communes, je mentionne néanmoins cette précaution en vue du bien-être des abeilles, qui travailleront avec bien plus d'ardeur n'étant pas pressées par une chaleur trop forte, et transformeront en travail productif, ce qu'elles auraient dépensé d'efforts perdus à se ventiler pour maintenir dans leur ruche une température toujours égale.

Juin et juillet : derniers essaims ; dernière récolte des cadres (1) ; se garer du pillage ; donner du

---

(1) En cueillant successivement les cadres dans la saison des fleurs aromatiques, on a du miel bien plus beau et bien mieux parfumé, ce que n'obtiennent pas ceux qui s'obstinent à cueillir le miel en hiver ou dès les premiers jours de printemps ; car ils n'ont que le miel amassé par les abeilles en automne sur des essences, en général, de qualité inférieure.

large aux abeilles en plaçant les socles (1); veiller
à ce que les ruches soient bien closes, afin que les
fourmis ou les phalènes de teignes ne puissent s'y
introduire. On voit souvent celles-ci, lorsqu'elles
n'ont pu réussir à pénétrer dans la ruche, rechercher les moindres interstices et allonger leur abdomen pour y glisser un ou plusieurs œufs ; il en
naît bientôt un petit ver qui se glisse dans l'intérieur de la ruche et, échappant par sa petitesse à
la surveillance des abeilles, finit par s'établir en
permanence dans les rayons. Tenir l'eau à portée
des ruches et les abriter contre la trop grande ardeur du soleil.

Si l'on n'avait pas de source dans le voisinage, y
suppléer par des baquets plein d'eau, et, afin d'empêcher que les abeilles ne s'y noient, avoir soin
d'en garnir l'intérieur de mousse ou de cresson.

(1) Voici le moment d'opérer sur les ruches dont on
veut renouveler la cire : après s'être assuré que la case
inférieure est saine, et *en avoir retranché les cellules de
mâles*, on la transporte sous le chapiteau, et l'on descend
à sa place la case supérieure ; puis, après avoir donné aux
abeilles le temps de remonter le miel et d'élever le couvain
que celle-ci pouvait contenir, on l'enlève pour en recueillir
la vieille cire, et on la remet en place ou on la remplace
par une case vide. Les abeilles s'empresseront d'y bâtir
des rayons nouveaux ou de réparer les brèches faites aux
anciens, afin d'y emmagasiner leur récolte d'automne ou
d'y disposer leurs berceaux pour la ponte du printemps.

S'il arrivait qu'un coup de vent précipitât les abeilles dans l'eau et les fit se noyer en grand nombre, en les retirant les placer au soleil ; elles ne tarderont pas à revenir à la vie. J'en ai vu reprendre leurs sens après cinq et même neuf heures d'immersion.

Aout et septembre : mêmes soins que dans les deux mois précédents ; fournir de la nourriture aux essaims dans les temps qui contrarient la récolte ; entr'ouvrir de temps en temps la porte afin de débarrasser le tablier des gros vers qui y seraient tombés ; détruire les fourreaux et cocons de teignes qui se seraient établies dans les coins ou sous les traverses de la ruche. Pour peu que l'on conçoive quelque doute à ce sujet, visiter les ruches à fond, afin de s'assurer du bon état de chacun de leurs compartiments ; marquer celles qui sont suffisamment pourvues et celles qui auront besoin d'une rigoureuse surveillance.

Si vous avez pris les précautions que je vous ai indiquées, tous ces soins vous seront faciles, et en mettant à profit les quelques beaux jours que dispensent avec parcimonie l'automne et l'hiver, vous pourrez en quelques instants vous assurer que tout est en ordre, et que toutes vos batteries sont prêtes pour repousser le grand assaut que l'hiver s'apprête à livrer à vos petites forteresses, qui, bien pourvues et bien approvisionnées, peuvent maintenant l'attendre et braver ses attaques sans crainte.

CHAPITRE XVI

Multùm egerunt qui antè nos fuerunt, sed non peregerunt.

SÉNEC.

Rien n'est durable dans ce monde, et les pensées et l'estime des hommes sont comme les flots de la mer, qui se succèdent et disparaissent.

DE MEILHAN, *l'Émigré.*

LES abeilles ne se recommandent pas seulement à nous par les avantages que nous retirons de leur industrie, mais encore par les faits curieux que nous présente leur histoire et la singularité de leur organisation. Voilà ce qui nous explique pourquoi dans tous les temps un grand nombre d'auteurs se sont complus à traiter un sujet aussi intéressant. Sans parler de Caton, Columelle, Virgile, Pline, Palladius, parmi les anciens, nous trouvons encore, parmi les modernes, tous ceux qui ont écrit sur l'économie rurale et l'histoire naturelle et, de plus, un nombre non moins considérable de traités particuliers.

Toutefois, quand on vient à inventorier cette prétendue richesse amassée par les âges, on ne tarde pas à s'apercevoir que tous, ou presque tous, à l'exception de quelques maîtres dans l'art d'observer, vont se copiant et se répétant les uns les autres (1). Ainsi, tous tant que nous sommes, nous faisons un petit remous dans le fleuve qui nous emporte, mais, tels que des flots poussés par le courant, nous allons avec les autres et nous n'avançons que poussés par eux.

Parmi ces auteurs, dont je vais mentionner les travaux, un certain nombre, il faut bien en convenir, ne s'est occupé, pour ainsi dire, qu'accidentellement des abeilles ; mais, comme il est impossible de traiter de cette classe d'insectes sans aborder les considérations communes à cette branche de l'histoire naturelle, j'ai pensé que le lecteur qui aura bien voulu me suivre jusqu'ici, me saurait quelque gré de lui fournir les indications propres à compléter ses études et à faciliter ses recherches, ne fût-ce qu'à titre de renseignement ou de simple curiosité ; tant je suis assuré, qu'affriandé par cette lecture, il ne regrettera ni son

(1) On dirait qu'il y a une certaine mesure de connaissances utiles que les hommes ont eu de bonne heure, à laquelle ils n'ont guère ajouté et qu'ils ne passeront guère, s'ils la passent. Ils ont cette obligation à la nature, qui leur a enseigné de bonne heure ce qu'ils devaient savoir.

FONTENELLE, Œuvres morales.

temps ni sa peine, heureux de rencontrer là une de ces jouissances innocentes et douces, toujours neuves et toujours attrayantes, qui répandent sur la vie un charme qu'aucun regret et qu'aucun repentir ne vient troubler.

De tous ceux dont les noms ont surnagé sur *l'océan des âges*, ARISTOTE est le premier qui nous ait transmis un ouvrage de quelque valeur sur l'histoire naturelle. Alexandre, qui se faisait gloire d'être son disciple, mit le monde entier à sa disposition pour lui en fournir les matériaux. Mais le philosophe, dont le vaste esprit embrassait dans ses recherches l'universalité des connaissances humaines, n'accorda qu'une attention secondaire aux diverses branches de l'histoire naturelle ; et si dans le Chapitre VI du 4e livre on trouve quelques détails intéressants sur les mœurs des abeilles et des guêpes, il faut convenir, en revanche, qu'il accorde, en ce qui concerne ces insectes, trop de place à la génération spontanée, opinion que nous trouvons répandue, du reste, dans presque tous les ouvrages des anciens.

COLUMELLE serait, de toute l'antiquité, celui qui s'est le plus étendu sur le gouvernement des abeilles. L'on remarque avec un certain plaisir dans ce qu'il nous a transmis, des instructions sur la construction des ruches, qui ne seraient point déplacées même de nos jours.

Mais nul parmi les anciens ne nous a laissé un monument comparable au poème de VIRGILE ; agronome consommé, naturaliste séduisant, apiculteur émérite, le chantre harmonieux des abeilles, comme ce roi de la fable qui changeait en or tout ce que touchaient ses mains, a su répandre sur elles ce charme qui ne le quitte jamais.

Après lui, il semble qu'un épais rideau ait été tiré sur cette partie de l'histoire naturelle, et, à part l'infatigable compilateur PLINE, cette illustre victime de son dévouement à la science, il semble en quelque sorte que la terre se soit tue après le dernier chant du cygne de Mantoue.

Il est fâcheux que les œuvres de ce naturaliste dont nous ne possédons qu'une partie, nous le peignent comme acceptant avec une enfantine crédulité une foule de faits qui ne soutiendraient pas l'examen d'une critique judicieuse.

PLUTARQUE, lui aussi, dans son livre des *Propos de table*, traite bien quelque peu de l'industrie des animaux et de la raison dont ils paraissent doués ; mais avec sa tendance à dogmatiser sur tout, il s'y montre plus en philosophe qu'en naturaliste.

Les premières étoiles que nous voyons scintiller à l'aurore du jour qui va poindre après cette longue nuit, nous viennent encore de l'Italie, cette terre vivace, *magna parens virùm*, qui semble repousser sous les coups de la coignée qui l'abat, comme l'olivier, qui la symbolise, repousse plus vigoureusement de ses antiques racines.

En tête de cette renaissance marche :

ALDROVANDI 1602

On a de lui un volume in-folio sur les insectes, écrit et divisé en sept livres, dont le premier, en entier, est consacré aux abeilles. C'est une compilation de tout ce qui a été dit avant lui sur ces insectes. Il y traite longuement du miel, de la cire et de leurs usages. Les amateurs de l'antiquité y pourront faire une ample moisson de choses fort curieuses.

Après lui nous mentionnerons :

CANTI PRATANI. — DE APIBUS......... 1627

MOUFFETI. — THEATRUM INSECTORUM, 1 v. in-4°. *Londres*........................... 1634

Le premier livre renferme l'histoire des individus du genre *abeille* ; on y trouve beaucoup de détail et d'érudition, mais peu de critique ; les observations sont incomplètes, les figures qui les accompagnent grossières et incorrectes.

ROBERT HOOKE. — MICROGRAPHIA, etc. , 1 v. in-f°. *Londres* 1667

Observations microscopiques sur les insectes, fort curieuses, accompagnées de très-belles planches.

REDI. — EXPÉRIENTIÆ CIRCA GENERATIONEM INSECTORUM 1671

Ouvrage fort estimé.

CATELAN. — OBSERVATIONS SUR LES YEUX DES INSECTES. *Leipsik*, in-4°............. 1682

Collection académique, partie étrangère, t. II, pages 231 bis et 381.

> Observations microscopiques sur l'aiguillon, la ratissoire, les yeux et les bras de l'abeille, etc.

Transactions philosophiques, années 1665 à 1683

> T. IV. p. 19. Notice sur les abeilles des saules, p. 39 et 49. Description d'une ruche dont on fait usage en Écosse pour empêcher les essaims de sortir.

DELAHIRE. — Description d'un insecte qui s'attaque aux mouches. Mémoire de l'Académie royale des sciences.............. **1692**

GOEDAERT.— Métamorphose des insectes. 3. v. in-12. av. fig...................... **1700**

> On y trouvera des planches assez bien faites représentant la larve, la chrysalide et l'insecte parfait, ainsi que des renseignements fort utiles sur les habitudes de la larve et la durée de la métamorphose de chaque insecte.

MARALDI. — Observations sur les abeilles. Inséré dans les mémoires de l'Académie royale des sciences, année................. **1712**

LEUWENOEK.................de 1697 à 1722.

> A donné 5 vol. in-4° dans lesquels on trouve de nombreuses expériences microscopiques fort curieuses, notamment celles sur les animaux spermatiques et les infusoires. Dans le volume imprimé

en 1719, il traite assez longuement des abeilles ;
ses remarques sont très-intéressantes, ses observations, d'une rigoureuse précision, n'ont rien perdu
de leur actualité et seront lues avec fruit.

GÉLIEU père, pasteur en Suisse. — TRAITÉ SUR
LA CULTURE DES ABEILLES.......... 1730

L'auteur y propose une ruche à hausses de son
invention, laquelle, exploitée en France avec pri-
vilège du roi, paraît avoir servi de point de départ à beaucoup d'autres créations du même
genre.

DE RÉAUMUR. — MÉMOIRE POUR SERVIR A L'HIS-
TOIRE DES INSECTES, 6 v. in-4°. *Paris, impr.*
royale....................... 1734

Les volumineux ouvrages du baron de Réaumur,
monument impérissable du point où peut atteindre
la sagacité humaine lorsqu'elle est alliée au génie,
resteront comme une des gloires du siècle qui les
a produits. On serait tenter d'appeler Réaumur
le Buffon des abeilles, car il résume en le perfec-
tionnant tout ce que les anciens ont écrit sur cette
classe d'animaux, et il semble avoir mis les modernes au défi de le dépasser. Les six volumes publiés
par lui forment un tout complet de l'histoire naturelle des insectes. Le 5e volume, depuis le 5e mémoire jusqu'au 13e, est presque exclusivement
consacré aux abeilles. Nul mieux que lui n'est parvenu à surprendre les mystères de la vie de tout
ce monde en miniature, et nul n'a mis plus en re-
lief les étonnantes facultés dont les a douées le Créa-

teur. Le 3ᶜ volume traite des teignes et fausses teignes ; rien de plus curieux et de mieux analysé que ce qui concerne cette classe d'insectes qui intéresse l'apiculteur à un degré tout particulier.

SWAMMERDAM. — Biblia naturæ. *Amsterdam,* in-4°.... 1737

Personne parmi les anciens et peut-être parmi les modernes, n'a égalé en patience et en sagacité cet observateur éminent. Le soin minutieux et le ton de bonne foi qu'il prend pour convaincre de la véracité de ses découvertes, charme et transporte le lecteur. Il s'étend longuement sur l'histoire des abeilles, et les nombreuses expériences qu'il a entreprises à leur sujet n'ont pas peu contribué à faire progresser cette partie si intéressante de l'histoire naturelle.

C. LINNOEI. — Oratio de memoralibus in insectis. *Upsal*..................... 1739

Le célèbre auteur de la nomenclature binaire a écrit sur les insectes avec plus de méthode et d'une manière plus étendue qu'on ne l'avait fait avant lui; aussi peut-il être regardé à bon droit comme le fondateur des méthodes en histoire naturelle et particulièrement en ce qui concerne les insectes.

L'abbé PLUCHE. — Spectacle de la nature. *Paris*...... 1739

Charmantes étrennes offertes aux gens du monde, par un savant aimable, pour leur donner le goût de l'histoire naturelle.

AVELINI. — De miraculis insectorum, 1 v. in-4°.
Upsal...................................... 1742

SIMON, avocat de Bordeaux. — Le gouvernement
admirable de la république des abeilles.
Paris....................................... 1742

> Beaucoup de choses hasardées et plus d'une er-
> reur glissée sous un titre pompeux.

L'abbé BAZIN. — Observations sur les plantes
et leur analogie avec les insectes. Stras-
bourg, 1 v...................................... 1741

— Histoire des abeilles, 2 vol. in-12.
Paris.. 1744

> Ce dernier ouvrage, en forme de Dialogue, imita-
> tion de Fontenelle dans sa *Pluralité des mondes*, n'est
> qu'une élégante reproduction des parties les plus
> saillantes des Mémoires de Réaumur.

LESSER. — Théologie des insectes, 1 volume
in-8°, traduction de Lyonnet. Paris... 1745

> OEuvre de haute philosophie qu'on lira toujours
> avec fruit, et bien faite pour élever en même temps
> le cœur et l'esprit.

BONNET. — Traité d'insectologie, 5 vol. in-12.
Année.. 1745

> Contemporain et émule de Réaumur, corres-
> pondant et inspirateur de François Huber, obser-
> vateur aussi minutieux, mais penseur peut-être
> plus profond, cet illustre naturaliste a consigné
> dans de nombreux écrits le résultat de ses vastes
> recherches. Le Traité que nous mentionnons ici est

d'un grand intérêt, et resterait un modèle du genre si l'on n'avait à lui reprocher un peu trop de prolixité dans les détails. Son ouvrage intitulé *Contemplations de la nature* est peut-être le mieux fait pour élever l'âme vers le Créateur à la vue des merveilles qu'elle découvre. On trouvera au tome x de l'édition in-8° ou au tome v de l'édition in-4° de ses œuvres complètes, un précis complet des travaux de Réaumur et des découvertes des savants expérimentateurs de la Lusace, résumant tout ce qui a été dit jusqu'à lui sur les abeilles.

MARTINET.— Traité sur la respiration des insectes, in-4°.. 1753

Arthur D'OBBES. — Mémoire sur les abeilles. Année. 1753

JOBLOT.— Observations microscopiques sur les insectes, in-4°. *Paris*. 1754

PALTEAU.— Nouvelle construction de ruches 1 v. in-12. *Metz*. 1754

Cet auteur est, avec Gélieu, le parrain, quelque peu renié, de la plupart des ruches à hausses qui ont exercé l'esprit inventif de nos modernes apiculteurs.

Pierre LYONNET. — Traité anatomique de la chenille du saule, 1 fort vol. in-4° de 616 pages. *Lahaye*. 1762

S'il est au monde une œuvre susceptible de piquer la curiosité d'un naturaliste, c'est assurément ce petit chef-d'œuvre de patience et d'analyse que l'on dirait fait exprès pour démontrer jusqu'où

peut atteindre l'investigation la plus minutieuse
s'exerçant sur un sujet donné ; et, bien qu'il soit
jusqu'à un certain point étranger au sujet qui nous
occupe, je crois ménager un vrai plaisir au lecteur
en lui recommandant de ne pas négliger de faire
figurer cette perle dans son écrin.

VALMONT de BOMARE. — Dictionnaire raisonné universel d'histoire naturelle,
6 v. in-12 1764

Ouvrage qui a eu le plus grand succès à la fin
du siècle dernier. Les faits généraux concernant
les insectes y sont puisés aux meilleures sources,
extraits avec exactitude et présentés avec précision
et clarté. Ce dictionnaire contient, à peu de chose
près, en ce qui concerne les insectes, les générali-
tés indispensables pour l'étude de cette branche de
l'histoire naturelle, et peut être considéré en quelque sorte comme un résumé complet de la science
jusqu'à cette époque.

LAGRENÉE, avocat au Parlement de Dijon. —
L'art de conserver et de gouverner les
abeilles. 1770

Une preuve de plus que de tout temps des hommes éminents par leur savoir ou par leur position
n'ont pas cru déroger en s'occupant des abeilles.

SCHIRACH. — Histoire naturelle de la reine
des abeilles, traduction de Blassière. 1771

Ouvrage remarquable, au point de vue surtout
de la découverte des procédés à l'aide desquels les
abeilles savent, lorsqu'elles sont privées de leur

reine, s'en créer de nouvelles avec du couvain d'ouvrières.

Voir Bonnet, *Contempl. de la Nature*, partie xi,
ch. 27, et Huber, *Observ.*, 4ᵉ lettre, et ch. xiii.

**SMEATHMAN. — Mémoire pour servir a l'his-
toire de quelques insectes. *Paris*...   1787**

On y trouve, en grand détail, l'histoire des termites ou fourmis blanches ; personne n'a mieux
que lui observé et décrit l'histoire singulière de
ces insectes dont les mœurs ont tant de rapport
avec celles des abeilles. Nous en avons extrait la curieuse note annexée au chapitre 1ᵉʳ de cet ouvrage.

**DELLA ROCCA.—Observations sur les abeilles.
Année...................... 1789**

Cet auteur, qui a passé la plus grande partie de
sa vie dans les contrées de l'Orient, décrit les procédés en usage dans ces régions privilégiées où
l'industrie apicole forme la source d'un revenu fort
lucratif, bien qu'elle y soit, pour ainsi dire, abandonnée à elle-même.

**François HUBER. — Observations sur les
abeilles, *Paris-Genève*............ 1789**

L'auteur qui a peut-être le mieux décrit l'industrie des abeilles, dont il a pendant plus de vingt
ans sondé tous les mystères avec la plus minutieuse
et la plus patiente investigation, et qui pourrait,
à plus d'un titre, être appelé l'Homère des abeilles,
car il a tout vu, tout décrit et, comme le divin
Mélésigène, il était aveugle ! La postérité recon-
naissante associera à son nom désormais immortel

celui du modeste et si intelligent serviteur François Burdens, le *fidus Achates* par les yeux et par les mains duquel l'aveugle clairvoyant est parvenu à voir et à exécuter les choses du monde les plus délicates, les plus étonnantes et les plus difficiles.

L'abbé ROSIER. — Art. *Abeille* **du Dictionnaire universel d'agriculture,** tom 1er, in 4º. 1797

Cet excellent article, qui n'occupe pas moins de 160 pages à deux colonnes, est, pour ainsi dire, à lui seul un traité complet d'apiculture, résumant les nombreux travaux qui ont signalé la fin du siècle dernier, celui de tous, sans contredit, où ont été faites les observations les plus importantes sur les abeilles. On y trouve décrites avec de suffisants détails les ruches des Patteau, de Mussac, Boisjugan, Cuinghien, Ducarne de Blangy, Wildman, Mahogani, Ravenel, Gélieu, ainsi que les curieuses expériences de l'Académie des Géorgiphiles, celles de la Société économique de la Lusace et de leurs savants secrétaires Schirach et Hattorf, sans oublier même la théorie des essaims artificiels, reprise à nouveau de nos jours.

Avant de clore la liste des auteurs de ce siècle remarquable par sa prodigieuse fécondité, je me reprocherais de passer sous silence le Génevois **Mauduyt**, et le docteur **Olivier**, rédacteurs de la partie entomologique de l'*Encyclopédie méthodique*, l'un et l'autre de cette race d'hommes de rude labeur, véritables pionniers de la science, qui s'identifient à leur œuvre jusqu'à y perdre leur individualité et souvent même jusqu'à leur nom.

Lorsqu'on se prend à récapituler les trésors d'érudition et de savantes expériences épars dans la multitude d'ouvrages écrits dans ces deux derniers siècles, avec cette patience d'investigation, cette persévérance dans la recherche, cette opiniâtreté dans le travail qui contrastent si bien avec le défaut de maturité et la légèreté qui distinguent trop souvent les œuvres de notre époque, on reste confondu de ce déploiement colossal d'activité, et l'on est tenté de s'écrier avec Pline le jeune, comparant sa vie de loisirs studieux avec la vie si remplie de son oncle le naturaliste : « Quel est celui d'entre nous s'imaginant donner tout son temps à l'étude, qui ne rougirait d'oser comparer à une telle vie, sa vie à lui, livrée, en comparaison, au sommeil et à la nonchalance? » Ne dirait-on pas, après cela, qu'il ne reste plus rien à faire à nous autres modernes, et que nous n'ayons plus, pour ainsi dire, qu'à nous croiser les bras, et à jouir tout à notre aise des richesses acquises, puisque tout a été dit? « Mais l'humanité aime mieux se débarrasser de tout cet encombrement et jeter à l'eau de temps en temps une partie de son bagage, tant elle semble empressée d'oublier, sauf à se donner après la peine ou le plaisir de réinventer et souvent de redire moins bien. » (STE-BEUVE, *Causeries*, t. II (1).

(1) La terre ressemble à de grandes tablettes où chacun veut écrire son nom. Quand ces tablettes sont pleines, il

Si l'on veut ne tenir compte que de cette branche de l'histoire naturelle qui concerne les abeilles, on trouvera, sans contredit, que notre siècle est celui qui a vu paraître le plus grand nombre d'ouvrages sur cette matière. Tous, et je ne prétends à aucune exception en ma faveur, tous, quoique dissidents dans les moyens, ont eu cette prétention de croire faire mieux que ceux qui les ont précédés. Le plus grand nombre, toutefois, il faut bien en convenir, semble ne s'être mis nullement en peine de ces travaux ; il en est résulté tout naturellement que plus d'un novateur en apiculture s'est vainement battu les flancs pour réinventer à grand'peine ce que d'autres avaient déjà trouvé avant lui. Aussi les redites continuelles dans lesquelles on tombe à la lecture de ces nombreux ouvrages, vous font-elles quelque chose comme la monnaie de la pièce que l'on avait en poche ; ou plutôt l'on dirait d'une grosse planète mise en éclats par quelque catastrophe sidérale et dont les fragments circulent dans l'espace : de temps en temps la lunette de l'astronome en découvre quelques-uns et signale au monde l'apparition d'un astre nouveau qui se maintient plus ou moins longtemps à l'horizon. J'essaierai d'être cet astronome, et je signalerai en passant les étoiles de première grandeur dont j'aurai eu connaissance. En voici le tableau aussi

faut bien effacer les noms qui y sont déjà écrits pour y en mettre de nouveaux. — FONTENELLE, *Œuvres morales*.

exact que mon état d'isolement m'a permis de le
dresser. J'ai fait choix, pour le présenter, de l'ordre alphabétique, qui sauvegarde tous les droits de
préséance.

Le Dr AUDOIN, ouvre la marche par l'article
abeille, du DICT. CLASS. UNIVERSEL D'HIS-
TOIRE NATURELLE.

> Excellent résumé, un peu trop concis peut-être,
> de l'histoire naturelle de l'abeille au point de vue
> de la science.

Après lui, mentionnons pour mémoire, MM. BAR-
THEZ, BAVILLE, BEAUNIER, BUCHEPOT.

BAUDET. — TRAITÉ PRATIQUE D'APICULTURE, 1 v.
in-18, *Lyon* 1860

> Dans ce petit ouvrage, où se révèle un praticien
> familier avec toutes les opérations que l'on peut
> pratiquer sur les abeilles, l'auteur préconise un
> système de ruches en paille, modèle réduit de la
> ruche Lombard, surmontée d'un petit capuchon à
> fond plat, à l'aide duquel il pratique plusieurs
> cueillettes successives dans la même saison. Assez
> commode en pratique, cette ruche offre les défauts
> mêmes de ses qualités, en ce que la trop grande faci-
> lité accordée à la cueillette me paraît offrir
> trop de tentations au commun des propriétaires
> naturellement avides de jouir, et peut, en raison
> de ce, après un été torride ou un automne plu-
> vieux, froid ou venteux, laisser les abeilles sans ré-
> serve suffisante pour passer la mauvaise saison, et
> causer la perte de la ruche.

BIENAIMÉ, chanoine d'Evreux, inventeur de la ruche horizontale ou couchée, reprise et présentée plus tard par le général Canuel sous le nom de ruche Madécasse.

BLANCHARD. — HISTOIRE DES INSECTES dans le TRAITÉ COMPLET D'HISTOIRE NATURELLE, édition Didot...................... 1848

BORY SAINT-VINCENT et ACHILLE COMTE. — ENCYCLOPÉDIE MODERNE, art. *Abeilles, Paris,* Didot........................... 1858

Excellent résumé qui ne s'étend pas malheureusement au-delà des considérations générales.

BOSC. — DICTIONNAIRE D'AGRICULTURE, art. *Abeille.*

Très-bon article et que l'on peut consulter avec fruit.

L'abbé BOURGUET. — LA CULTURE DES ABEILLES, 1 v. in-12. *Lyon,* Girard et Josserand, 1861

Système de ruches en paille, forme semi-cylindrique, réunissant tout à la fois les avantages de la ruche couchée de l'abbé Bienaimé et ceux de la ruche Huber, par la facilité qu'elle offre de séparer à volonté les rayons pour faire des essaims artificiels. Quoique l'auteur, qui destine son ouvrage aux simples cultivateurs, ait cherché à lui donner une grande simplicité en adoptant la forme de catéchisme, je doute que, malgré cette simplicité apparente, cette ruche, qui par son mode opératoire rentre dans la catégorie des ruches d'expérimentation, devienne jamais populaire parmi ceux auxquels elle est adressée.

CHATEAU.

Ruche à séparation, reproduction ou perfectionnement de celle présentée par Gélieu, et, après lui, par MM. Bosc et Féburier.

DUMÉRIL. — CONSIDÉRATIONS SUR LES CLASSES D'INSECTES.................... 1823

Et art. *Abeille* du GRAND DICTIONNAIRE D'HISTOIRE NATURELLE, en 60 vol.

DUBOIS (de Bourg).

Dont le Mémoire est cité avec éloge par Huber. lettre XIII.

DUCARNE DE BLANGY.— TRAITÉ D'APICULTURE.

Système de ruches à séparation verticale pour essaims artificiels.

DUCOUEDIC.

Auteur, lui aussi, d'un Traité d'apiculture où l'on a relevé plus d'une erreur.

DEBAUVOYS. — GUIDE DE L'APICULTEUR.

Nombreuses éditions. A préconisé d'abord des ruches en paille dans lesquelles il disposait des cadres mobiles; mais il paraît revenu à la ruche Huber, dont il a modifié la forme et les dimensions pour l'accommoder aux usages vulgaires.

DESVAUX. -— APICULTURE SIMPLIFIÉE..... 1849

ÉLOY, vicaire général de Troyes, inventeur d'une ruche fort vantée par Teissier. DICTIONNAIRE MODERNE D'AGRICULTURE.

FRÉMIET.

> Inventeur de la ruche des bois, ruche carrée, construite en forts madriers, de manière à braver les tentatives des maraudeurs.

FÉBURIER. — TRAITÉ COMPLET SUR LES ABEILLES. *Paris*, Nadaud.

> Voir le Résumé composé par l'auteur pour la *Maison rustique* du XIXe siècle, tome III (ruche à séparation verticale applicable aux essaims forcés).

DE FRARIÈRE. — LES ABEILLES ET L'APICULTURE. *Paris*, Hachette.................... 1855

> Un des résumés les plus consciencieux et les mieux écrits, et dont le lecteur tirera le plus de fruit.

GÉLIEU fils, auteur d'une ruche à séparation latérale, fort commode pour pratiquer les essaims artificiels.

HUBER fils, digne héritier, ainsi que le précédent, de la sagacité et du talent de son père. A consigné dans son ouvrage (NOUVELLES OBSERVATIONS SUR LES ABEILLES, *Paris-Genève*, 1814), toute une série d'expériences qui ont pleinement confirmé les importantes découvertes faites par celui-ci.

LATREILLE. — RÈGNE ANIMAL DE CUVIER, ARTICULÉS...................... 1807, 1821 et DICTIONNAIRE D'HISTOIRE NATURELLE, 1818

TH. LACORDAIRE. — INTRODUCTION A L'ENTOMO

LOGIE dans les SUITES A BUFFON de la Collection Rorel...................... 1838

LOMBARD. — HISTOIRE DES ABEILLES.

Toute une longue vie consacrée presque entièrement à l'étude des abeilles lui a valu le titre de
Patriarche des abeilles. Il est l'inventeur incontesté
de la *ruche villageoise*, la plus simple et la plus
commode encore des ruches en paille, et qui a
servi de point de départ à la plupart des ruches de
ce genre.

LACÈNE.— MÉMOIRE SUR LES ESSAIMS ARTIFICIELS,
Lyon, Barret..................... 1822

Cité dans le corps de cet ouvrage, ch. x.

LE PELLETIER DE SAINT-FARGEAU.— HISTOIRE
DES HYMÉNOPTÈRES dans les SUITES A BUFFON,
collection Rorel.

LÉON LALANNE. — NOTE SUR L'ARCHITECTURE DES
ABEILLES, ANNALES DES SCIENCES NATURELLES,
tom. XIII.

G. LEROY. — LETTRES PHILOSOPHIQUES SUR L'IN-
TELLIGENCE ET LA PERFECTIBILITÉ DES ANIMAUX
Paris...................... 1865.

C'est l'étude la plus approfondie qui ait été faite
des facultés intellectuelles des animaux. L'auteur
y suit pas à pas le développement et, si l'on peut
dire ainsi, la génération de ces facultés, et il con-
clut enfin que les animaux réunissent, quoique à
un degré très-inférieur à nous, tous les caractères
de l'intelligence, puisqu'ils comparent et qu'ils ju-
gent, puisqu'ils hésitent et choisissent; qu'ils ré-

fléchissent sur leurs actes, puisque l'expérience les instruit, et que des expériences répétées rectifient leurs premiers jugements.

MARTIN.

Inventeur de la ruche à l'air libre, l'une des plus irrationnelles du genre (Frarière).

NUTT.

Le propagateur en Angleterre d'une ruche à compartiments, tiroirs, pavillons, cloches de verre, thermomètre, etc., qui en font le *nec plus ultra* du genre composite, et lui ont valu une sorte de vogue dans les châteaux de l'autre côté du détroit. (Voir Frarière).

RAVENEL.

Ruche à compartiments qui paraît avoir été le point de départ de la précédente.

RADOUAN. -- Nouveau manuel pour gouverner les abeilles, collection Rorel. Reprise et perfectionnement de la ruche Lombard.

RACONI. -- Art. *Abeille* du Dictionnaire d'agriculture.

REDARÈS. -- Des abeilles et de leurs produits, 1 v. in-32, *Paris* 1828

ROUX. -- La fortune des campagnes, 1856

Sous le pseudonyme ou la collaboration duquel se cache un écrivain humoristique distingué ; mais où il serait facile de relever plus d'une proposition hasardée et non encore confirmée par une expérimentation suffisante.

TESSIER. — Art. *Abeille*, **du DICTIONNAIRE MODERNE D'AGRICULTURE.**

Excellent résumé, auquel on ne peut reprocher que le défaut de ces sortes d'articles, la brièveté imposée par l'éditeur.

Enfin, et pour clôture, le président **VARAMBEY.**

Compatriote et émule quelque peu de Buffon ; nous avons de lui, sur les abeilles, un traité qu'il a condensé dans un article de l'ENCYCLOPÉDIE du xixe siècle, dans lequel il présente, sous le nom de *ruche française*, une ruche à hau ses et compartiments séparés, qui ne parait pas différer sensiblement de celle introduite en France au commencement du siècle sous le nom de *ruche écossaise*, et qui n'est elle-même qu'une modification de la ruche Gélieu, reprise par Palteau en 1760·

J'aurais vivement désiré, afin de ne rien oublier de ce qui peut faire progresser l'art de l'apiculture, pouvoir mentionner ici les travaux remarquables édités, en ces temps si féconds en journaux, par la *Gazette d'Apiculture* que publie à Paris l'éminent professeur Hamet. Malheureusement, cette publication, si intéressante qu'elle puisse être, n'a point encore étendu le rayonnement de sa lumière jusqu'à nos départements éloignés de ce centre qui tend de plus en plus à accaparer tous les arts, et je me trouve réduit, pour l'apprécier comme elle le mérite, à attendre que le hasard m'ait assez favorisé pour être du nombre de ses heureux, mais trop rares lecteurs.

Je me vois donc forcé, à mon grand regret, de

clore ici la liste incomplète, quoique déjà bien longue, des auteurs dont les écrits se rapportent de
près ou de loin à l'histoire des abeillles. Bien que
le lecteur, plus avide de profit que de science,
soit en droit de me reprocher ma prolixité, plus
d'un novateur en apiculture, dont les ouvrages auront eu le tort de n'être pas arrivés jusqu'à moi,
pourra, non sans raison, se plaindre de ma réti-
cence. Si humble que soit mon livre, si le hasard vient à le faire tomber entre ses mains, qu'il
veuille bien ne pas attribuer cet oubli involontaire
à un parti pris de faire le silence autour de son nom ;
comme aussi, si quelque erreur ou quelque hérésie
en apiculture s'y était glissée dans la ferveur d'une
rédaction trop précipitée, je prie instamment les
maîtres de l'art de vouloir bien me faire part de
leurs observations; je me ferais un vrai plaisir d'en
enrichir mon ouvrage, si, contre mon attente, il
était appelé à l'honneur d'une nouvelle édition. Il
s'établirait ainsi, entre les observateurs épars, un
échange d'idées dont tout le profit serait pour la
science, cette belle maîtresse dont nous sommes
tous également épris, quoiqu'à un point de vue
divers, comme ces chevaliers que l'Arioste nous
dépeint enfermés dans un palais enchanté, où tous
croient vivre avec l'objet de leurs amours (1).

(1) *Parea mi aver qui tutto il ben racolto*
   Che fra mortali in più parti si smembra ;
   Ogni pensiero, ogni mio bel disegno
   In lei finia, nè passava oltre il segno. (ORL., VI).

SOMMAIRE

INTRODUCTION.

CHAPITRE Ier. — PSYCHOLOGIE DE L'ABEILLE.

Voyage en Icarie. — Un conte des Mille et une Nuits.
— Les préposés à l'octroi. — Une vue de Pompéï.
— Les Sœurs de la Crèche. — Les Juifs de Zoro-
babel — Un microcosme. — La patrie en danger.
— Le retour offensif. — Un nouveau Marathon.
— L'énigme du Sphinx. — Lignes et contrevalla-
tions. — La guerre toujours et partout. — Idylles
et bergeries. — Ruches et fourmilières. — Les

CHAPITRE V. — La Méthode.

CHAPITRE VI. — Application de la méthode
aux ruches de toutes formes.

CHAPITRE VII. — L'Ennemi.

CHAPITRE VIII. — Les Fléaux.

CHAPITRE IX. — Les Essaims.

LIBRAIRIE J.-B. BAILLIÈRE ET FILS

BLANCHARD. Les poissons d'eau douce de la France, anatomie, — physiologie, — description des espèces, — mœurs, — instinct, — industrie, — commerce, — ressources alimentaires, — pisciculture, — législation concernant la pêche, etc., par Emile BLANCHARD, membre de l'Institut (Académie des sciences), professeur au Muséum d'histoire naturelle de Paris. *Paris, 1866,* 1 vol. grand in-8 de 640 pages, avec 151 figures. **20 fr.**

DUCHARTRE. Eléments de botanique, comprenant l'anatomie, la physiologie, les familles naturelles et la distribution géographique, par P. Duchartre, professeur de botanique à la Faculté des sciences de Paris, membre de l'Institut (Académie des sciences). Paris, 1866, 1 vol. in-8 de 800 pages, avec 500 figures. **15 fr.**

DUMÉRIL (A.-M.-C.). Entomologie analytique. Histoire générale, classification naturelle et méthodique des Insectes, à l'aide de tableaux synoptiques. Paris, 1860, 2 vol. in-4, avec environ 500 figures. **25 fr.**

GUÉRIN-MÉNEVILLE (F.-E.) et PERCHERON (A.). Genera des insectes, ou Exposition détaillée de tous les caractères propres à chacun des genres de cette classe d'animaux. Paris, 1835-1838, in-8, avec 60 planches coloriées. **20 fr.**

LAMARCK. Histoire naturelle des animaux sans vertèbres, présentant les caractères généraux et particuliers de ces animaux, leur distribution, leurs classes, leurs familles, leurs genres et la citation synonymique des principales espèces qui s'y rapportent; par J.-B.-P.-A. de LAMARCK, membre de l'Institut, professeur au Muséum d'histoire naturelle. *Deuxième édition,* revue et augmentée des faits nouveaux dont la science s'est enrichie jusqu'à ce jour, par G.-P. DESHAYES et H. MILNE EDWARDS. Paris, 1835-1845, 11 forts vol. in-8. **88 fr.**

LYELL. L'ancienneté de l'homme, prouvée par la géologie, et remarques sur les théories relatives à l'origine des espèces par variation, par sir Charles LYELL, membre de la Société royale de Londres; traduit avec le consentement et le concours de l'auteur, par M. CHAPER. Paris, 1864, in-8 de xvi-560 pages, avec de nombreuses figures — **Appendice,** par sir Charles LYELL, suivi des communications faites à l'Académie des sciences sur l'homme fossile en France, par MM Boucher de Perthes, Christy, J. Desnoyers, H. Milne Edwards, F. Garrigou, Paul Gervais, Scipion Gras, Lartet, Martin, Pruner-Bey, de Quatrefages, Trutat et de Vibraye, 1 vol. in-8. Ensemble 2 vol. in-8. **15 fr.**

LYONET. Recherches sur l'anatomie et les métamorphoses de différentes espèces d'insectes, par L.-L. LYONET, publiées par W. de HAAN. Paris, 1832, 2 vol. in-4, accompagnés de 54 planches gravées. **15 fr.**

MOQUIN-TANDON. Eléments de zoologie médicale, comprenant la description des animaux utiles à la médecine et des espèces nuisibles à l'homme, particulièrement des venimeuses et des parasites; précédés de considérations sur l'organisation et la classification des animaux et d'un résumé sur l'histoire naturelle de l'homme, etc. *Deuxième édition, augmentée.* Paris, 1862, 1 vol. in-18, avec 150 figures intercalées dans le texte. **6 fr.**

QUATREFAGES. Physiologie comparée. — Métamorphoses de l'homme et des animaux, par A. de QUATREFAGES, membre de l'Institut, professeur au Muséum d'histoire naturelle. Paris, 1862, in-18 de 321 pages. **3 fr. 50**

VERLOT. Le Guide du botaniste herborisant, conseils sur la récolte des plantes, la préparation des herbiers, l'exploration des stations de plantes phanérogames et cryptogames et les herborisations aux environs de Paris, dans les Ardennes, la Bourgogne, la Provence, le Languedoc, les Pyrénées, les Alpes, l'Auvergne, les Vosges, au bord de la Manche, de l'Océan et de la Méditerranée, par Bernard VERLOT, chef de l'Ecole botanique au Muséum d'histoire naturelle, avec une introduction, par M. NAUDIN, membre de l'Institut (Académie des sciences). Paris, 1865, in-18 de 600 pages, avec figures intercalées dans le texte. Cartonné. **5 fr. 50**

Lyon, Typographie VINGTRINIER.